浙江省级基础性公益性战略性地质工作专项资金资助
"浙江省安吉县生态地质调查试点"项目资助

浙江安吉生态地质
ECOLOGICAL GEOLOGY OF ANJI ZHEJIANG

刘 健 汪建国 汪一凡 等编著

图书在版编目(CIP)数据

浙江安吉生态地质/刘健等编著.—武汉:中国地质大学出版社,2024.4
ISBN 978-7-5625-5845-3

Ⅰ.①浙…　Ⅱ.①刘…　Ⅲ.①区域生态环境-地质环境-研究-安吉县　Ⅳ.①X321.255.4

中国国家版本馆CIP数据核字(2024)第087329号

浙江安吉生态地质			刘　健　汪建国　汪一凡　等编著
责任编辑:唐然坤		选题策划:唐然坤	责任校对:徐蕾蕾

出版发行:中国地质大学出版社(武汉市洪山区鲁磨路388号)　　　邮编:430074
电　　话:(027)67883511　　传　　真:(027)67883580　　E-mail:cbb@cug.edu.cn
经　　销:全国新华书店　　　　　　　　　　　　　　　　　　　http://cugp.cug.edu.cn

开本:787毫米×1092毫米　1/16	字数:314千字　印张:12.25
版次:2024年4月第1版	印次:2024年4月第1次印刷
印刷:湖北新华印务有限公司	
ISBN 978-7-5625-5845-3	定价:138.00元

如有印装质量问题请与印刷厂联系调换

《浙江安吉生态地质》编委会

主　任：邵向荣

副主任：胡嘉临　肖常贵

编　委：（按姓名拼音排序）

　　　　陈忠大　龚日祥　顾明光　李润豪
　　　　孙乐玲　孙文明　唐增才　王孔忠
　　　　王岳勇　吴　玮　钟庆华

主　编：汪建国　刘　健

成　员：汪一凡　倪伟伟　朱朝晖　张建芳
　　　　陈小友　毛汉川　胡艳华　邰开富

序

  生态地质调查是服务于自然资源安全保障与管理、生态保护与修复的基础性地质调查工作。2019 年,中国地质调查局发布了《生态地质调查技术要求(1∶50 000)(试行)》(DD 2019 - 09),为全国层面开展生态地质调查提供了技术方法和规范要求。该技术要求主要针对重要生态功能区、生态脆弱区、敏感区和生态地质问题区部署调查研究工作。此前,我国还未开展县域尺度生态地质调查工作。

  浙江安吉是"两山"理念诞生地、全国首个生态县,具有独特的生态地质资源优势。《浙江安吉生态地质》以安吉县为调查研究对象,首次从县域尺度开展全域生态地质调查与研究,有针对性地总结了县域生态地质调查技术方法,具有很强的示范意义,可为浙江省乃至全国推进生态地质调查工作提供样板,值得全面推广。

  生态地质系统是一个多圈层相互影响、相互制约的有机整体,单个圈层发生变化,必将引发其他圈层的连锁反应。该书以地球系统科学理论为指导,全面总结了遥感地质解译、地面调查、剖面测量等多角度多手段调查资料,首次按照圈层关系详细论述安吉县生态地质背景条件,这一思路是值得肯定的。全书紧扣这一思路,从空间上深入探讨了岩石圈、土壤圈、水圈、生物圈、大气圈等多圈层之间的相互影响与制约关系,从时间上探讨了生态指数的动态变化特征及深层原因,并开展了地质多样性有效促进生态系统稳定性的研究。该书的研究方法和研究内容全面围绕安吉县整个生态地质系统,可有力支撑安吉县国土资源规划,对开展安吉县生态保护与修复具有重要意义。

  值得特别指出的是,该书根据调查研究成果,构建了"生态地质区-生态地质亚区-生态地质单元"全新的三级生态地质分区框架体系,阐述了生态地质的分区特征,并开展了生态地质评价与区划,为生态地质系统评价提供了借鉴。同时,书中系统解剖了"两山"理念示范区、安吉白茶主要种植区等重要生态功能区的生态地质特征和高质量发展途径,为调查研究成果的转化应用提供了思路。

此外,该书还对安吉县生态地质资源分布状况进行了系统梳理,同时充分响应国家"双碳"号召,对安吉县的地质碳汇潜力进行了估算。这些方面的研究进一步充实了书中的内容,使其具有一定的前瞻性,也更具有学术价值。

该书是一部内容丰富、资料翔实的县域尺度生态地质调查示范性研究专著,成果总体上达到了国内领先水平,为安吉县的生态地质资源开发利用、生态保护与修复以及国土空间规划提供了支撑。衷心希望该书的出版能为相关从业者提供借鉴与参考,为全国其他地区开展生态地质调查提供示范。

俄罗斯自然科学院院士

前 言

　　生态地质学是研究生物与其依存的地质环境之间相互作用关系的学科[1],也是生态学和地质学交叉的新兴边缘科学[2-3]。生态地质学研究对象涉及岩石圈、土壤圈、水圈、大气圈及生物圈[4],研究目的是了解岩石圈近地表部分和土壤圈、水圈、生物圈、大气圈(下部)的生态功能,主要研究任务是揭示各种生态格局和生态过程的地质学影响机理[1],并从地质学角度提出相应的生态地质资源开发建议和生态地质环境保护措施。

　　生态地质调查是服务于自然资源安全保障与管理、生态保护与修复的基础地质调查工作。我国生态地质调查工作起步较晚,尚处于探索试验阶段,目前还没有形成统一的、成熟的技术规范,迫切需要加强试点研究、总结工作经验,并加以推广,为统筹山水林田湖草沙、实行自然资源统一管理提供地质技术保障。

　　安吉是"两山"理念诞生地、全国首个生态县,极具生态地质资源优势、生态环境优越,率先开展安吉生态地质调查可为浙江省全面推进生态地质调查工作提供示范。2020年浙江省自然资源厅部署实施了"浙江省安吉县生态地质调查试点"项目(〔省资〕2020005),项目历时3年,圆满完成了各项任务。本书主要内容由该项目成果提炼而成。

　　本书共分7章。第一章绪言,简要介绍了安吉县的位置、交通和自然地理概况,国内外生态地质调查研究现状,以及浙江省安吉县生态调查采用的生态地质调查技术方法,由汪建国、刘健等编写;第二章生态地质背景条件,系统阐述了岩石圈、土壤圈、水圈、生物圈、大气圈等多圈层生态地质背景特征,分析了多圈层之间的相互作用与影响,由刘健、汪建国、朱朝晖、陈小友、毛汉川、胡艳华等编写;第三章生态地质资源,对安吉县地质遗迹、矿产、水、富硒土地等资源进行了系统梳理,对土壤圈与岩石圈地质碳汇进行了估算,由刘健、张建芳、倪伟伟、毛汉川等编写;第四章生态指数动态变化特征,通过高精度遥感解译分析了1992—2019年间安吉县生态指数动态变化规律,由邹开富等编写;第五章生态地质分区与区划,综合了地质、地貌、土壤、地下水、植被等多个因素,构建了三级生态地质单元框架体系,从多圈层视角论述了生态地质分区特征,开展了生态地质评价与区划,由汪建国、汪一凡、刘健等编写;第六章重要功能区生态地质特征,开展了余村"两山"理念示范区和安吉白茶适宜性调查与区划的调查研究,提出了生态地质资源开发与白茶种植区划建议,由刘健、汪一凡、汪建国等编写;第七章结论与建议,由汪建国、刘健等编写。全书由汪建国负责统稿,刘健负责校稿,汪一凡、刘健、毛汉川、邰开富等负责制图。

  本书编写过程中得到浙江省自然资源厅、浙江省地质院、安吉县天荒坪镇人民政府、中国农业科学院茶叶研究所、中国水稻研究所等单位和相关院校领导与同仁的热情帮助及支持。中国地质调查局国土空间生态保护修复中心首席科学家石建省(俄罗斯自然科学院院士)、中国地质调查局南京地质调查中心陈国光副总工程师、浙江大学董传万教授等国内知名专家对本书的编写提出了宝贵的建议。本书在收集参考资料过程中得到安吉县自然资源与规划局和浙江省核工业二六二地质大队的大力支持。书中引用了安吉县区域地质调查、矿产地质调查、农业地质环境调查、土地质量调查、地质遗迹调查、矿产资源规划(2021—2025)、地质灾害防治规划、野生动物资源本底调查(2018—2021)等多份报告及科研资料成果。笔者在此向对本书编写给予支持、关心、指导、帮助的单位和专家,以及所有曾经参加本次生态地质调查工作的技术人员一并表示衷心的感谢!

  因笔者水平有限,书中难免出现错误和不足之处,敬请各位读者批评指正。

笔　者
2023 年 11 月

目 录

第一章 绪 言 ………………………………………………………… (1)
 第一节 位置、交通和自然地理概况 ……………………………… (1)
  一、位置及交通 …………………………………………………… (1)
  二、自然地理概况 ………………………………………………… (1)
 第二节 国内外生态地质调查研究现状 …………………………… (2)
  一、生态地质学与生态地质调查 ………………………………… (2)
  二、国外生态地质调查研究现状 ………………………………… (3)
  三、国内生态地质调查研究现状 ………………………………… (4)
  四、生态地质调查思路 …………………………………………… (5)
 第三节 生态地质调查技术方法 …………………………………… (5)
  一、生态地质背景调查 …………………………………………… (5)
  二、生态地质资源调查 …………………………………………… (9)
  三、生态状况及其动态变化调查 ………………………………… (9)

第二章 生态地质背景条件 ………………………………………… (10)
 第一节 岩石圈 ……………………………………………………… (10)
  一、地形地貌特征 ………………………………………………… (10)
  二、岩石特征 ……………………………………………………… (12)
  三、构造特征 ……………………………………………………… (15)
 第二节 土壤圈 ……………………………………………………… (18)
  一、土壤类型特征 ………………………………………………… (19)
  二、土壤分布特征 ………………………………………………… (20)
  三、土壤垂向结构特征 …………………………………………… (22)
  四、土壤风化程度 ………………………………………………… (24)

第三节 水 圈 ·· (26)
一、地表水特征 ··· (26)
二、地下水特征 ··· (28)
三、大气降水 ·· (36)

第四节 生物圈 ·· (40)
一、植被特征 ·· (40)
二、动物特征 ·· (40)

第五节 大气圈 ·· (42)
一、负氧离子特征 ·· (42)
二、酸雨特征 ·· (45)
三、气温 ·· (50)

第六节 多圈层相互作用与影响 ·· (50)
一、成土母岩对土壤的影响 ·· (50)
二、成土母质的成土特征 ··· (51)
三、元素在岩石与土壤中的迁移特征 ···································· (55)
四、元素在土壤与农作物中的迁移特征 ································· (60)

第三章 生态地质资源 ·· (64)
第一节 地质遗迹资源 ·· (64)
一、地质遗迹资源概况 ·· (64)
二、地质遗迹资源分布 ·· (68)
三、主要地质遗迹资源形成与演化 ······································· (68)

第二节 矿产资源 ·· (74)
一、矿产资源概况 ·· (74)
二、矿产资源分布 ·· (76)
三、主要矿产资源成因 ·· (77)

第三节 水资源 ··· (79)
一、水资源质量 ··· (79)
二、水资源量 ·· (83)

第四节 富硒土地资源 ·· (88)
一、富硒土壤 ·· (88)
二、富硒农产品 ··· (89)
三、富硒土壤开发利用建议 ·· (90)

第五节 地质碳汇估算 ·· (91)
一、土壤圈-土壤碳汇估算 ·· (91)
二、岩石圈-岩石碳汇估算 ·· (96)

第四章 生态指数动态变化特征 ··· (99)
第一节 生态指数动态变化规律 ·· (99)
一、总初级生产力 ·· (99)

二、叶面积指数 …………………………………………………………… (101)
　　三、光合有效辐射分量 …………………………………………………… (103)
　　四、归一化植被指数 ……………………………………………………… (103)
　　五、土壤湿度指数 ………………………………………………………… (104)
　第二节　生态指数相关分析 ………………………………………………… (107)
第五章　生态地质分区与区划 …………………………………………………… (108)
　第一节　生态地质分区 ……………………………………………………… (108)
　　一、生态地质单元体系构建 ……………………………………………… (108)
　　二、生态地质分区特征 …………………………………………………… (116)
　第二节　生态地质评价与区划 ……………………………………………… (127)
　　一、生态地质评价 ………………………………………………………… (127)
　　二、生态地质区划 ………………………………………………………… (146)
第六章　重要功能区生态地质特征 ……………………………………………… (150)
　第一节　余村"两山"理念示范区 …………………………………………… (150)
　　一、示范区工作概况 ……………………………………………………… (150)
　　二、示范区生态地质资源 ………………………………………………… (151)
　　三、生态地质资源开发利用建议 ………………………………………… (155)
　第二节　安吉白茶适宜性调查与区划 ……………………………………… (163)
　　一、白茶分布特征 ………………………………………………………… (163)
　　二、白茶产区土壤地球化学特征 ………………………………………… (165)
　　三、影响白茶品质的地质要素分析 ……………………………………… (169)
　　四、白茶种植对地质环境的影响 ………………………………………… (175)
　　五、白茶适宜性区划 ……………………………………………………… (176)
第七章　结论与建议 ……………………………………………………………… (178)
　　一、主要成果 ……………………………………………………………… (178)
　　二、建议 …………………………………………………………………… (179)
参考文献 …………………………………………………………………………… (180)

第一章 绪　言

第一节　位置、交通和自然地理概况

一、位置及交通

安吉县隶属浙江省湖州市，位于长三角腹地，属浙江省西北部，西与安徽省接壤，北邻长兴县，东接德清县、湖州市区，南连杭州市余杭区及临安市，地理坐标介于东经119°13′51″—119°53′25″，北纬30°22′31″—30°52′20″之间，总面积约1886km^2，下辖8个镇、3个乡、4个街道、207个行政村(社区)。县域内交通发达，省道S201、S204、S205及S306总体呈北东向贯通全境，杭长高速(杭州—长沙)近南北向穿越东部(图1-1-1)，与上海、杭州、南京等大城市毗邻。县城递铺街道距上海约223km，距杭州约65km。

二、自然地理概况

天目山脉自西南进入安吉县，分东、西两支环抱县境两侧，呈三面环山、中间凹陷、东北开口的"畚箕形"的辐聚状盆地地形。地势西南高、东北低，南端龙王山是境内最高山，海拔1 587.4m，也是浙北最高峰。山地分布在县境南部、东部和西部，丘陵分布在中部，岗地分布在中北部，平原分布在西苕溪两岸河漫滩，山地、丘陵、岗地、平原分布区面积分别占安吉县总面积的11.5%、50%、13.1%和25.4%。

安吉县内主要水系为西苕溪，其上游西溪、南溪于塘浦长潭村汇合后，形成西苕溪干流，由西南向东北斜贯县境，于小溪口出县，沿途有龙王溪、浒溪、里溪、浑泥港、晓墅港汇入。西苕溪县内流域面积1806km^2，主流全长110.75km，出安吉县后过长兴经湖州注入太湖，再入黄浦江。

安吉县属北亚热带季风性气候，四季分明，温暖湿润。年平均气温17℃左右，年平均降水量1602mm左右，主要雨季出现在3—6月和8—9月。全年无霜期为257天，7—8月为盛夏

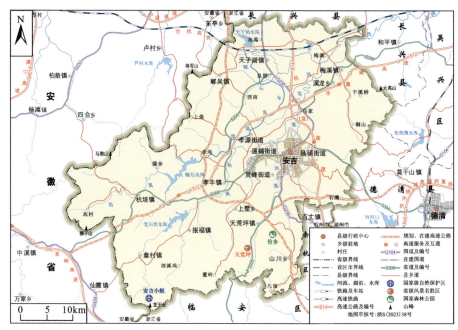

图 1-1-1 安吉县交通位置图

季节,气温一般为 37～39℃。

安吉县是习近平总书记"绿水青山就是金山银山"理念("两山"理念)诞生地、中国美丽乡村发源地和绿色发展先行地。县内生物资源丰富,上层以落叶树为主,中下层以常绿或阔叶乔木为主。特种经济作物有杜仲、乌桕、油桐等,特有植物有金钱树、白豆杉、天目玉兰等。安吉县有哺乳类动物 30 余种,鸟类动物约百种,爬行类动物 10 余种。

安吉县是著名的中国竹乡、中国白茶之乡、中国椅业之乡、中国竹地板之都,被命名为全国首个"国家生态县"、全国首批"生态文明建设试点县"、国家可持续发展实验区、中国美丽乡村国家级标准化示范县、全国休闲农业与乡村旅游示范县、全国文明县城、国家卫生县城、国家园林县城、省级森林城市,是我国首个"联合国人居奖"获得县,并两度蝉联"长三角最具投资价值县市(特别奖)"。

第二节 国内外生态地质调查研究现状

一、生态地质学与生态地质调查

自 20 世纪 30 年代泰勒提出生态地质学以来,生态地质学作为一门学科已经历了较长的演化历程,地学界的一些专家学者在不同领域做了许多有益的探索[4]。Trofimov 从 1994 年以来发表了一系列探讨生态地质学的论文[5-10],主要致力于探索岩石圈的生态功能,以生态系统中直接作用于某些岩石圈或其表面的生物群(包括人类和社会)为主要研究对象,以地质学的理论方法为主线,以生态学的思想观点为依托,在地球系统科学整体的框架下研究岩石、土壤、水、生物群落及其在现代地质作用下(包括自然和人为因素)产生的生态地质问题与效应[11]。汪振立[1]认为生态地质学着重研究与评价地质环境对生态平衡的影响和制约、地质环境与生态环境之间的关联性规律;以生-地系统为对象,研究维持生态平衡时与地质相关的众多环境因子的发生、发展、组成和结构、调节和控制、改造和利用。生态地理学属于地质学、生态学、农学、医学、环境科学等多学科相互交叉和有机融合的边缘学科。生态地理学主要从生物圈和地表其他4个圈层(岩石圈、土壤圈、水圈、大气圈)的交互关系去研究地质环境众多因子对生物的影响,重点研究岩石圈对生物的资源生态功能、地质动力学生态功能、地球化学生态功能、地球物理生态功能。

生态地质调查是指以地球系统科学理论为指导,调查研究各种生态问题或生态过程的地学机理、地质作用过程及其环境条件。它将生态的空间分布格局、变化规律与地质作用过程作为一个整体进行研究,完整地获取地上地下一体化的"生态-土壤-水-风化壳-岩石"信息[12-13],研究区域地球表层系统中最活跃、最富有活力的部分,也是大气圈、生物圈、岩石圈和水圈相互作用最关键的地带,这些地带决定了生态系统的运行与演化[14-16]。多圈层交互带是生态地质调查的重点区域,目前地球多圈层交互带研究已成为国内地学研究的热点之一。将整个近地表圈层系统作为一个整体跨学科进行综合研究,这一理念得到研究人员的普遍认可,近年来开始的生态地质调查项目将近地表圈层系统作为主要调查研究内容之一。

陈树旺等[4]在开展铁岭地区的生态地质评价中指出,生态地质调查目的是查明生态地质条件,确定环境背景以及人类技术活动对地质环境的破坏情况,评价自然或人为作用的活动强度及发展方向,进而研究地球浅表圈层的生态功能及其在生物(特别是人类)影响下的时空演化规律,为区域资源利用和环境保护提供科学依据。

Goldhaber等指出,生态地质调查对象是一定的自然空间内生态与浅表地质环境构成的统一整体——生态地质系统,包括了第四纪沉积、风化壳和风化基岩在内的岩石圈表层系统,是岩-水-土-气-生相互作用带[17]。

卫晓锋等[18]认为,区域性尺度开展生态地质调查工作,查明地球浅表生态系统内岩石-土壤-水-生物(包括人类)-大气的生态状况,是全面认识生态要素之间的相互作用与影响,精准刻画生态地质系统正向、负向反馈机制,科学掌握人为活动与自然环境的影响关系,正确处理资源有序利用和生态保护矛盾,促进生态文明建设的关键。

二、国外生态地质调查研究现状

人类生存环境恶化和生态问题已成为经济社会可持续发展的重大课题。各国地质调查机构纷纷调整自己的工作任务和方向,将生态环境问题作为服务社会需求和保证自身生存的机遇,迎接地质工作在新形势下的新挑战。近年来,欧美发达国家及俄罗斯等国地质调查机构加大了地球系统科学的调查与研究,制订了有整体战略观点的地质调查相关计划,并采取了一定的实际行动。

俄罗斯生态地质调查工作一直走在世界前列,自20世纪80年代起不仅将生态地质调查列为"国家地质图"的构成部分,还进行了农业生态地质、城市生态地质、大江大河及大型湖泊生态地质、大型工程生态地质等专项地质调查,重点体现了生态地质调查在资源、地球动力学、生态地球化学、生态地球物理学4个方面的基本属性。目前,已形成了较为完善的生态地质调查理论和方法,在政府、调查机构等层面形成了系统的技术和组织保障体系,并制订了"俄罗斯地质生态计划"。

三、国内生态地质调查研究现状

我国区域生态地质填图工作起步较晚,尚处于探索试验阶段,目前还没有统一的规范和要求,调查内容与方法主要借鉴俄罗斯的生态地质调查经验。

1994年,我国开始生态地质调查试点工作。四川省地质矿产勘查开发局开展了1∶5万大巴山区生态地质调查[19-20],标志着我国正式迈出了生态地质调查的探索步伐。

2001年,中国地质调查局发布了《1∶250 000区域地质调查技术要求(暂行)》(DD 2001-02),对生态地质学概念、研究领域及生态地质调查内容等进行了概略说明。

2003年,中国地质调查局部署实施了"1∶25万铁岭市幅生态地质调查"项目,并与俄罗斯合作开展了系统的生态地质调查和研究,初步形成了生态地质调查工作方法。

2019年,中国地质调查局发布《生态地质调查技术要求(1∶50 000)(试行)》(DD 2019-09)指出,目前我国存在森林草地退化、水土流失等多种威胁国家生态安全的生态地质问题,开展生态地质调查能为地球系统科学提供解决方案,为山水林田湖草整体保护与系统修复提供科学依据,为国土空间规划与用途管制提供支撑。同年,中国地质调查局设立了"生态地质调查工程"。该工程以支撑服务国土空间生态保护修复为目标,主要开展全国林地、草地、湿地分布区不同尺度的生态地质调查,摸清地上、地下一体化生态本底,识别和诊断重大生态问题,强化对自然生态系统演变规律和内在机理的分析,提出基于自然的生态保护修复方案,为科学编制生态保护修复规划、合理部署生态修复工程、高效辅助生态保护修复管理决策提供支撑[12]。生态地质调查工程的调查工作主要部署在生态文明示范区(试验区)(如海南、福建、雄安、承德、宜昌等)、生态地质问题集中区[如长江中游有色金属矿集区、太行山煤炭矿区、西南岩溶石漠化区、土壤污染区(湖南重金属)、滨海湿地退化区(江苏盐城、福建漳江口等)],以及森林(大凉山、武陵源)、草原(黄河源)、湿地(滇西北、黄河源)等集中分布区。生态地质调查工程的主要目的是全面落实支撑服务国土空间用途管制和生态保护修复的6项重点任务,突出国家生态文明示范区、生态地质问题集中区和重点生态功能区等地区生态地质调查试点示范。其中,承德市国家生态文明示范区综合地质调查从自然资源与历史文化综合调查评价、全域生态文化旅游新格局打造和林果业种植结构优化等方面,探索了自然资源综合调查的地质支撑服务模式,基本查明了地质建造对农业和生态格局的控制关系,据此提出了耕地资源和植树造林的优选区域[21-22]。大凉山区生态地质调查对西昌市的生态地质问题开展了生态脆弱性评价和生态功能区划,为当地生态保护修复和国土空间规划与用途管制提供了支撑[23]。

四、生态地质调查思路

安吉县生态地质调查以浙江省委全面深化改革委员会印发的《新时代浙江(安吉)县域践行"两山"理念综合改革创新试验区总体方案》(浙委改发〔2019〕11号)与浙江省自然资源厅印发的《浙江省自然资源厅关于支持新时代浙江(安吉)县域践行"两山"理念综合改革创新试验区建设的若干意见》(浙自然资发〔2019〕39号)相关文件精神为指引,以"为自然资源资产管理与国土空间规划服务,为自然资源开发利用、生态保护与修复、政府决策提供基础保障"和"为全省推进生态地质调查提供示范"为目标开展工作。通过对地质遗迹、矿产、水、富硒土地等生态地质资源现状调查,为资源的开发利用提供基础;以地球系统科学理论为指导,采用岩石圈-土壤圈-水圈-生物圈-大气圈多圈层一体化思路,以岩石、土壤、水、生物为研究载体,创新生态地质调查技术方法,开展生态地质背景条件、生态地质现状以及相互制约关系的调查研究,开展生态关键带(生态功能区、生态敏感区)调查,进行综合地质评价,提出区划建议,支撑安吉县生态环境保护与修复,为安吉县域生态地质资源管理、全域旅游(生态、研学)、生态环境保护与修复提供地学依据;总结生态地质调查技术方法,为浙江省生态地质调查提供示范。

第三节 生态地质调查技术方法

根据《生态地质调查技术要求(1∶50 000)(试行)》(DD 2019-09),生态地质主要研究各种生态问题或生态过程的地质学机理、地质作用过程及背景条件。生态地质调查从区域生态地质条件、重点区生态地质问题、典型地段生态地质相互作用机理3个层次开展工作。王京彬等[22]将地质建造分析方法引入生态地质调查中,初步构建了一套适合山区的生态地质调查技术方法(地质建造分析→小流域综合调查→生态关键带解剖)。本书以安吉县为例,从生态地质背景、生态地质资源、生态状况及其动态变化等方面总结了县域生态地质调查技术方法。

一、生态地质背景调查

开展1∶5万生态地质背景调查需进行生态地质单元体系划分,明确生态地质单元调查的内容和技术方法手段。

(一)生态地质单元体系划分

根据大地构造单元、地形地貌、岩石、土壤、地下水以及植被类型与级别,生态地质划分为生态地质区、生态地质亚区、生态地质单元三级生态地质单元体系。各级的具体划分方法、特征与命名见本书后文表5-1-1、表5-1-2。

(二)生态地质单元调查内容

生态地质单元由岩石圈、土壤圈、水圈、生物圈的相关物质组成。生态地质调查要横向与纵向相结合,横向主要查明各个圈层物质之间的分布特征、变化规律;纵向查明从深部到地表各个圈层物质的出露厚度、结构构造等变化规律以及圈层之间相互关系。主要调查内容如下。

(1)岩石圈:浅表层岩石类型、结构构造、成岩环境与时代等;风化壳分布、风化程度、厚度、成因及垂直分带等;成土母质分布、厚度、沉积分类、结构、组分、成因类型等。

(2)土壤圈:土壤类型、厚度、质地、结构、孔隙度、根系发育程度等,分析土壤容重、粒度、结构、土壤有机质含量、含水量、易溶盐、pH等。

(3)水圈:浅层地下水水位、水量及其时空变化,地下水化学特征;包气带的岩性、结构、厚度、入渗率、含水率等;地表水的类型、分布、水质、时空变化;不同时期的大气降水量、降水酸碱度等特征。

(4)生物圈:植被类型、覆盖度、净初级生产力、叶面积指数、生物量及其变化、根系分布和发育深度;动物主要类型、分布等特征。

(三)技术方法

为有效开展岩石圈-土壤圈-水圈-生物圈-大气圈多圈层一体化调查,构建了地下浅部探测-地面多介质调查-低空无人机核查-高空卫星监测多空间多手段结合的调查技术方法。

1. 地下浅部探测

(1)地球物理探测:充分搜集利用以往的航磁、重力、电法、地震剖面等物探成果资料开展综合解译分析,针对不同目的开展地球物理探测;查明岩石圈浅部岩石地层结构、地质构造发育特征以及平原区覆盖层厚度等生态地质条件,部署电法或浅层地震法物探剖面进行探测;查明划分含水层与隔水层、判断含水层富水性等水文地质条件,部署电法、地震法物探剖面进行探测;查明存在生态地质问题区域(如岩溶塌陷、岩溶发育带、构造破碎带等)的浅部空间地质结构特征,部署电法、电磁法或地震剖面探测,结合钻探进行验证。

(2)钻探:查明生态地质单元岩石圈浅表层、土壤圈和水圈的空间结构、物质组成,含水层基本特征,以及岩溶塌陷等生态地质问题的岩、土、水体特征;钻探一般在生态地质调查和物探工作的基础上进行;根据含水层组底界埋深,崩塌、滑坡最下一层滑动面以及岩溶强发育带,确定钻孔深度;需采取地下水、岩、土体等相关样品,并进行水文地质观测与抽水试验。

2. 地面多介质调查

(1)路线调查:根据生态地质区、生态地质亚区和生态地质单元的空间分布布设调查路线,路线不仅需查明生态地质区与生态地质亚区的分区边界和空间变化,还需涵盖不同生态地质单元,并沿生态地质单元的最大变化方向穿越。为查明生态地质单元多圈层物质的空间变化特征,可通过生态地质点进行控制。路线间距一般为3~5km,生态地质单元面积小、数量多且遥感可解译程度差的地区观测路线间距可适当加密至1~2km。

(2)生态地质点布设:生态地质点部署于陡壁、陡坎区域,露头具备"岩石+土壤(深层土、浅层土)+植被"3项及以上相关信息。生态地质点需反映"岩石圈-土壤圈-水圈-生物圈"相关内容,采集信息包括位置、地形地貌、地质特征、成土母质等多要素内容(表1-3-1)。生态地质点类型包括岩石点、土壤点、成土母质点、植被点与地质灾害点。

(3)剖面测量:为控制不同的生态地质单元,反映生态地质区、生态地质亚区的空间变化特征,采用比例尺1∶5000水平生态地质剖面与点上比例尺1∶50~1∶100垂向生态地质剖面相结合的方式进行剖面布设。其中,剖面需横跨不同的生态地质区、生态地质亚区,同时要求生态地质单元类型多样,具典型性和代表性。水平剖面主要反映不同生态地质单元之间的地形地貌、岩石、土壤、植被的空间变化规律。垂向剖面主要反映同一个生态地质单元四大圈层之间的厚度变化、物质组成以及元素迁移等特征。以不同类型的岩石为基本分层单位,对每个分层单位的岩石、成土母质、土壤、生物、土地利用的基本特征以及层与层之间的关系特征进行系统描述,并系统采集各类样品。

(4)样品布设:样品主要布设于剖面与主干路线的典型生态地质单元。其中,岩矿样、土壤样主要布设在典型生态地质点上,由深到浅从岩石、成土母质、深层土壤、表层土壤中系统采集,采样品间距为10~20cm,样品须要满足岩石新鲜、成土母质典型、土壤为原地风化等要求;水样主要布设于河流、水库以及地下含水层;生物(植被)样布设于植被类的典型生态地质点上。

3. 低空无人机核查

生态地质分区边界、植被边界、水体边界位于地势陡峭区或无人区时,采用无人机调查,精确确定位置,获取边界影像资料。生态地质资源边界、滑坡与泥石流地质灾害区边界等可采用无人机调查进行确定。

4. 高空卫星监测

采用卫星遥感影像数据开展多时段生态状况(自然资源)和生态指数遥感调查监测。

(1)数据要求:包括专题数据与遥感数据。其中,专题数据有地形图、地质图、DEM数据、地理底图、土地利用现状图等数据。遥感数据有GF1号卫星(2m分辨率全色及多光谱数据)、资源一号02C卫星(2.36m分辨率全色数据)以及GF2号卫星(1m分辨率全色及多光谱数据)等国产卫星数据。遥感数据选择时段通常为一年中的6—12月。

表 1-3-1　生态地质调查综合记录表

观测点号			点类型	□典型岩石点　□典型土壤点　□典型成土母质点 □典型植被点　□地质灾害点		
位置	地理位置		安吉县　　　乡（镇、街道）　　　村			
	GPS 定位	经度	°　　′　　″	纬度	°　　′　　″	高程/m
地形地貌	□中山　□低山　□丘陵　□平原 □山地　□谷地　□岗地		坡向/(°)		坡度/(°)	
岩石	名称				代号	
	风化程度	□全风化　□强风化　□中风化 □弱风化　□未风化		地层产状	∠	
	其他特征					
成土母质	名称				厚度/cm	
	沉积分类	□残积物　□坡积物　□残坡积物　□冲积物　□洪积物　□冲洪积物				
	颜色		松散程度	□高　□中　□低	根系	□发育　□较发育　□未见
	其他特征					

土壤	名称					
	表层/cm	颜色	质地	结构	孔隙度	根系
			□砂土 □轻壤土　□中壤土 □重壤土　□黏土	□片状　□柱状 □块矿　□团粒状	□高 □中 □低	□发育 □较发育 □未见
	深层/cm	颜色	质地	结构	孔隙度	根系
			□砂土 □轻壤土　□中壤土 □重壤土　□黏土	□片状　□柱状 □块矿　□团粒状	□高 □中 □低	□发育 □较发育 □未见

生物	种类		密度	□高 □一般 □稀		□良好 □一般 □较差
	其他特征					
土地利用	□林地　□园地　□耕地					
备注						

调查人：＿＿＿＿＿＿＿＿　　　　　　　　　　　日期：＿＿＿＿年＿＿月＿＿日

(2)工作方法:采用人机交互式解译、非监督和监督分类方法、面向对象分类方法等,开展调查区生态状况(耕地、林地等自然资源)调查,通过不同时期遥感解译图斑的动态变化进行监测。林地资源需细分为乔木林、灌木林等内容,为地面多介质调查提供生物圈植被的基本信息。利用多时相 Landsat、MODIS 系列数据,提取调查区总初级生产力、叶面积指数、光合有效辐射分量、归一化植被指数、土壤湿度等生态指数信息,用于研究调查区生态地质环境时空变化特征和演变趋势。

(3)工作流程:人机交互式解译、计算机信息自动提取、建立遥感影像解译标志、初步解译、野外验证、详细解译与综合评价。

二、生态地质资源调查

生态地质资源主要包括地质遗迹资源、矿产资源、水资源和富硒土地资源等。采用以资料收集为主、以野外抽查为辅的思路开展调查。

(1)地质遗迹资源调查:查明地质遗迹资源的类型、分布、数量以及保存现状,分析地质遗迹的成因演化,评价其科学价值、美学价值并提出保护和利用规划建议。

(2)矿产资源调查:总结矿产资源的种类、数量、规模、分布、成因以及成矿地质条件等内容,结合生态地质区划,提出保护和开发利用建议。

(3)水资源调查:总结地表水与地下水资源的类型、资源量、分布、水化学特征、变化规律、成因以及人类活动对水资源系统的影响。

(4)富硒土地资源调查:收集最近一次土地质量地质调查数据,在已圈定的富硒土地区开展加密采样,重新开展表层土壤硒及重金属评价,进一步精确圈定清洁富硒土地。在富硒土地区采集农产品样品,评价富硒土地的生态效应。

三、生态状况及其动态变化调查

利用多源多时相卫星遥感数据,开展调查区多时段生态状况(指自然资源)调查和生态指数动态变化调查。

(1)生态状况调查:收集两个年度(相同月份)以上的遥感卫星数据,开展生态状况(耕地、园地、林地、草地等自然资源)动态调查,查明不同时期生态状况特征,通过对比,分析引起生态状况变化的原因,提出相应的应对措施。

(2)生态指数动态变化调查:收集调查区 5 个年度(相同月份)以上的多时相 Landsat、MODIS 系列数据,分别提取不同时期的总初级生产力、叶面积指数、光合有效辐射分量、归一化植被指数、土壤湿度等生态指数信息,通过生态指数变化特征研究调查区生态地质环境的时空变化特征和演变趋势。

第二章　生态地质背景条件

第一节　岩石圈

一、地形地貌特征

据区域地质调查资料,安吉县位于浙西北山地丘陵区煤山-安吉丘陵河谷平原亚区与临安-建德丘陵谷地亚区交接地带,被天目山脉的东支、中支从东南和西南环抱,形成了东南部和西南部地势高陡、中部低缓凹陷、三面环山、总体呈向东北方向开口的"畚箕状"地形。根据地形变化和成因,安吉县境内地貌分为堆积地貌(Ⅰ)、侵蚀剥蚀地貌(Ⅱ)和构造侵蚀剥蚀地貌(Ⅲ),可细分为冲积、冲洪积平原或山间谷地(Ⅰ₁),侵蚀剥蚀丘陵(Ⅱ₁),侵蚀剥蚀垄岗丘陵(Ⅱ₂),构造侵蚀剥蚀低山(Ⅲ₁)和构造侵蚀剥蚀中山(Ⅲ₂)等地貌区(图2-1-1)。

1. 冲积、冲洪积平原或山间谷地(Ⅰ₁)

冲积、冲洪积平原或山间谷地主要分布在西苕溪及其支流两侧,以漫滩、高漫滩地形为主,区内地势平坦,由西向东宽度增加,上游一般在百余米至数百米,下游可达数千米,组成物质以全新统冲积粉细砂、砂砾石为主,局部地带分布有中更新统冲洪积或坡洪积碎砾石夹黏性土等。西苕溪河谷内发育有3级阶地,第一级堆积阶地高出河面2~4m,第二级基座阶地高出河面15~30m,第三级侵蚀阶地高出河面40~50m。在递铺街道三官村、梅溪镇等河流段形成湿地,杭垓镇西苕溪河段形成风景河段。

2. 侵蚀剥蚀丘陵(Ⅱ₁)

侵蚀剥蚀丘陵分布在递铺街道至梅溪镇东南部以及鄣吴镇至杭垓镇一带,由火山碎屑岩、碎屑岩和花岗岩类组成,山体呈北西向展布,海拔在50~650m之间,侵蚀强烈,河流切割深度在50~200m之间,地形坡度在15°~30°之间,植被发育。

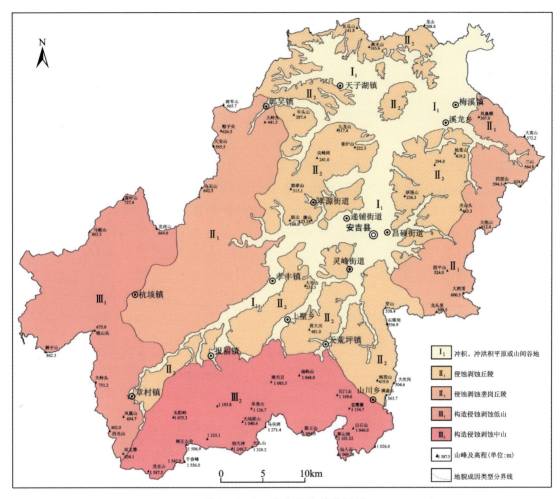

图 2-1-1 安吉县地貌分区图

3. 侵蚀剥蚀垄岗丘陵（Ⅱ₂）

侵蚀剥蚀垄岗丘陵分布于西苕溪及其支流的两岸，由古生界碎屑岩及中生界河湖相碎屑岩组成，海拔一般在 50～300m 之间，切割深度一般在 10～100m 之间，地形坡度在 10°～20° 之间，区内植被发育。

4. 构造侵蚀剥蚀低山（Ⅲ₁）

构造侵蚀剥蚀低山分布于杭垓镇—章村镇一线以西，由古生界碎屑岩及白垩纪花岗岩类组成，山体呈南北—北东走向，海拔在 150～860m 之间，切割深度在 100～300m 之间，地形坡度在 15°～30° 之间，局部形成陡崖。

5. 构造侵蚀剥蚀中山（Ⅲ₂）

构造侵蚀剥蚀中山分布于报福镇、章村镇以南的龙王山至天荒坪镇南部山区，由火山碎屑岩组成,海拔均在 1000m 以上,最高峰为龙王山,海拔 1 587.4m,山区河流发育,切割深度在 300～600m 之间,自然斜坡坡度在 30°～40°之间,峡谷、陡崖、瀑布发育。区内分布海拔为 1000～1300m、800～900m 的夷平面。

二、岩石特征

安吉县岩石以沉积岩类分布最广、种类最多,其次为火山岩,侵入岩类分布面积最小。根据区域地质调查资料,本书采用"地质时代+主要岩性"的方式表达不同时代的岩石。据此,安吉县岩石可分为 25 种(表 2-1-1),以寒武系灰岩,奥陶系—志留系砂岩、粉砂质泥岩,白垩系火山碎屑岩、侵入岩以及第四系松散沉积物为主。

(一)沉积岩

1. 红色砂砾岩

红色砂砾岩产于白垩系中戴组,主要岩性有紫红色砾岩、砂砾岩、含砾砂岩、砂岩、粉砂岩及粉砂质泥岩等。红色砂砾岩分布于安吉县北部天子湖镇高禹村、南湖林场、关塘自然村、石冲自然村一带,出露面积 67.6km²。岩石结构松散,固结程度较差,易受冲刷风化剥蚀。沉积环境为河流沉积,沉积相属河流相。

2. 砂质泥质岩

砂质泥质岩产于志留系和奥陶系,泥盆系有少量出露。志留系砂岩广泛分布于西北部天子湖镇西亩村、递铺街道南山坞、孝源街道皈山场村、孝丰镇赤坞村,东北部递铺街道南北庄村、溪龙乡黄杜村、梅溪镇钱坑桥村和高家坞自然村等大片地区,出露面积达 430.5km²。砂岩类主要岩石种类有岩屑砂岩、石英岩屑砂岩、长石石英砂岩、细砂岩、粉砂岩、粉砂质泥岩等。该类岩石归属岩层为中层至中厚层状,常见水平层理、板状交错层理、波痕构造,化石丰富。奥陶系以泥质岩类为主,分布于西南部杭垓镇蟠溪村、杭垓村,报福镇报福村,孝丰镇溪南村,天荒坪镇白水湾村、港口村一线,出露面积 201km²。泥岩类主要岩石种类有粉砂质泥岩、钙质泥岩、硅质泥岩、钙质结核泥岩、含碳质泥岩、页岩、泥质页岩和泥灰岩等,富含笔石等化石。沉积环境主要为浅海、滨海、海滩、陆棚及潮坪区沉积,沉积相属浅海陆棚相或滨岸—潮坪相。

3. 碳酸盐岩

碳酸盐岩产于寒武系、石炭系和二叠系,以寒武系灰岩分布面积最大,石炭系和二叠系仅在北部零星出露,总面积约 188.1km²。寒武系灰岩呈条带状分布于天荒坪镇港口村,上野乡罗村雪岭头和西部的杭垓镇高村村、姚村村、桐杭村,章村镇浮塘村,报福镇上张村等地。主要

表 2-1-1　安吉县岩石与成土母岩类型表

地质时代	岩石类型	代号	主要岩性	对应地层
第四纪	含砂砂土	Q	含砾砂土、砂砾土、粉砂土、粉质黏土	之江组、莲花组、鄞江桥组、镇海组
白垩纪	砂砾岩	cgK	砾岩、砂砾岩、砂岩夹粉砂岩	中戴组
白垩纪	英安玢岩	ζμK	英安玢岩	次火山岩
白垩纪	流纹斑岩	λπK	流纹斑岩	次火山岩
白垩纪	石英二长斑岩	ηπK	石英二长斑岩、二长斑岩、石英霏细斑岩	次火山岩
白垩纪	石英正长岩	ξoK	石英正长岩	侵入岩（晚）
白垩纪	花岗岩	γK	正长花岗岩	侵入岩（中）
白垩纪	二长花岗岩	ηγK	二长花岗岩、花岗闪长岩	侵入岩（早）
白垩纪	流纹质火山碎屑岩	rprK	流纹质熔结凝灰岩、流纹质凝灰岩、流纹岩	黄尖组二段、四段，寿昌组
白垩纪	英安质火山碎屑岩	dprK	英安质熔结凝灰岩、英安质凝灰岩	黄尖组一段、三段
石炭纪	灰岩	lsC	泥晶灰岩、粉晶灰岩、含燧石灰岩	叶家塘组、老虎洞组、黄龙组、船山组
泥盆纪	石英砂岩	quD	黄绿色、灰白色薄—中厚层状石英砂岩、含砾石英砂岩夹粉砂岩	西湖组
志留纪	砂岩	ssS	岩屑砂岩、石英砂岩夹粉砂岩	唐家坞组
志留纪	粉—细砂岩	stS	长石石英砂岩与粉砂岩、粉砂质泥岩互层	河沥溪组、康山组
志留纪	粉砂质泥岩	simS	细砂岩、泥质粉砂岩、粉砂质泥岩互层	霞乡组
奥陶纪	砂岩	ssO	细砂岩夹粉砂质泥岩	文昌组
奥陶纪	粉砂岩	stO	粉砂岩、泥岩、粉砂质泥岩	长坞组
奥陶纪	碳硅质泥岩	sicO	碳质泥岩、硅质泥岩、泥灰岩、瘤状泥灰岩	宁国组、胡乐组、砚瓦山组、黄泥岗组
奥陶纪	钙质泥岩	cshO	钙质泥（页）岩夹含钙质结核泥岩	印渚埠组
寒武纪	饼条状泥灰岩	ml∈	透镜状灰岩、饼条状泥灰岩夹瘤状灰岩	西阳山组
寒武纪	灰岩	ls∈	微晶灰岩	华严寺组
寒武纪	含硅泥质灰岩	sil∈	灰岩、含硅泥质灰岩与碳硅质泥岩	大陈岭组、杨柳岗组
寒武纪	碳质硅质泥岩	sic∈	碳质硅质泥岩、硅质页岩夹石煤层和磷结核	荷塘组
震旦纪	白云岩	dolZ	白云岩、碳硅质泥岩、粉砂岩、硅质岩	蓝田组、皮园村组
南华纪	粉砂岩	stNh	粉砂岩、砂岩、冰碛岩	休宁组、南沱组

岩石种类有白云岩,灰岩,白云质灰岩,泥质灰岩,竹叶状、饼状、透镜状灰岩,生物碎屑灰岩,条带状结核状灰岩,含碳质泥质灰岩等,含丰富的化石。据岩石特征、化石群、沉积构造分析,碳酸盐岩的沉积环境以海盆、广阔海湾陆棚区沉积为主,沉积相属海盆地相、广海陆棚相或浅水海湾相。

(二)火山岩

1. 岩石类型

根据区域地质调查资料,安吉县火山岩属中生代顺溪-湖州火山喷发带,形成的地质时代为早白垩世。岩石类型众多,包括沉凝灰岩、凝灰岩、玻屑凝灰岩、晶屑玻屑熔结凝灰岩、凝灰熔岩、集块角砾熔岩、流纹岩、流纹斑岩等(表2-1-2)。

表2-1-2 安吉县火山岩主要岩相、岩石类型及基本特征表

岩相类型	岩石名称	主要特征	结构构造	分布区域
喷溢相	流纹岩	发育熔岩球泡、石泡,熔岩集块、角砾,早期围岩碎块,其他熔岩物质	熔岩结构,层状、块状、球状构造	阮村、目莲坞、李村等
	球泡石泡流纹岩			
	集块角砾熔岩			
火山碎屑流相	流纹质晶屑熔结凝灰岩	长石、石英晶体碎屑,塑变玻屑、角砾、岩屑,其他长英质火山灰	玻屑塑变结构、晶屑玻屑熔结凝灰结构,假流纹构造	上舍村、隐将村、石门村、李村、天荒坪、长龙山、深溪村、南天目山
	流纹质晶屑玻屑熔结凝灰岩			
	流纹质晶屑玻屑凝灰岩			
	流纹质角砾玻屑凝灰岩			
	流纹质玻屑凝灰岩			
潜火山相	流纹斑岩	长石石英斑晶、细晶隐晶质、霏细质长英质矿物	斑状结构,流纹构造	仰天坪、和尚山、双一村、石塔岗
	石英霏细斑岩			
	安山玄武玢岩			
火山喷发沉积相	沉角砾玻屑凝灰岩	早期岩石角砾、岩屑、火山灰,正常陆源沉积碎屑、砾石,长石石英岩屑等	沉凝灰结构、砂砾状结构,层状构造	五峰山、石塘山、牛头山、统里寺、观音凹
	沉凝灰岩			
	凝灰质含砾砂岩			
	凝灰质细砂粉砂岩			

2. 火山岩相

安吉县火山岩分东部和南部两大区块,分属莫干山和天目山两个三级火山喷发区。由于岩浆的侵位机制和深度不同,火山物质的搬运方式和堆积环境差异,形成的岩相类型及其特征也明显不同,可分为喷溢相、火山碎屑流相、潜火山相、火山喷发沉积相4种岩相类型。火山碎屑流相在区内分布面积最广,堆积厚度最大。

（三）侵入岩

安吉县侵入岩成岩时代为早白垩世，分布于西北部鄣吴镇大河口、杭垓镇文岱村和岭西村一带，以及西南部杭垓镇唐舍、章村镇章村、上墅乡董岭村、报福镇统里村及山川乡山川村一线，出露总面积 181.9 km²。主要岩石类型有花岗闪长岩、黑云母二长花岗岩、中细粒花岗岩、花岗斑岩和石英正长斑岩等。其中，西北部鄣吴镇一带由老至新依次为花岗闪长岩、二长花岗岩、细粒花岗岩和花岗斑岩；西南统里村一线侵入岩由老至新依次为浅灰色中细粒花岗闪长岩、浅灰红色中细粒花岗岩、浅红色石英正长斑岩。

岩脉包括基性、中性和酸性三大类，主要集中分布于南部地区，走向以北东为主，其次为北西向分布，出露一般宽 5～10 m，长 20～50 m，达 100 余条。中性脉岩与北东东向、东西向构造有关，形成时间较早；中酸性脉岩侵入时限较长，早期与北东向断裂及褶皱构造有关，较晚期与白垩纪岩体侵入时间有关。

三、构造特征

据《中国区域地质志·浙江志》，安吉县位于下扬子陆块东南缘，经历了洋陆俯冲阶段（$Pt_3^2-O_2$）、陆陆碰撞阶段（O_3-D_1）、陆缘弧发展阶段（J_2-K_2）和陆内发展阶段（E-Q）等 4 个构造演化阶段。

洋陆俯冲阶段：早南华世，随着罗迪尼亚超大陆裂解事件的发生，扬子陆块东南缘一侧（原新元古代岛弧带出露位置）发生裂解，出现裂谷盆地。晚南华世至南沱期，气候变冷，形成冰水沉积，沉积一套冰碛砾质砂泥岩组合；中期气候短暂转暖，沉积了硅质、白云质、锰质泥岩，此时已进入被动大陆边缘混积阶段，总体属浅海陆棚相沉积。早震旦世—晚震旦世早期，形成蓝田组浅海陆棚、碳酸盐岩台地、次深海盆地相沉积；晚震旦世晚期，海平面先升后降，形成皮园村组次深海沉积相硅质岩、硅质泥岩与浅海陆棚相碳硅质泥岩。

陆陆碰撞阶段：自早古生代以来，由于新元古代岛弧带向下扬子陆块的俯冲→碰撞→拼贴地质过程结束，调查区已进入稳定陆块区，主要接受被动陆缘盆地沉积。早古生代，扬子陆块沿江山-绍兴对接带向武夷地块俯冲，发生陆陆碰撞。受此影响，同时由于近东西向昌化-普陀断裂带（区外）的作用，安吉地区表现为强烈的褶皱造山以及火山构造事件与沉积环境突变特征。

早古生代，扬子陆块与华夏造山系拼接成统一大陆，且在中晚志留世—泥盆纪调查区抬升成陆；早石炭世—早三叠世，浙西北地区进入陆表海沉积阶段，形成了一系列呈北东走向的槽状陆表海；中三叠世末，在北西-南东向构造应力场的作用下，安吉地区形成了叠加于加里东期近东西向褶皱之上轴面北东向的褶皱构造。

陆缘弧发展阶段：白垩纪，由于受古太平洋向华南陆块的持续俯冲作用，安吉地区进入了陆缘弧发展阶段，以强烈的岩浆活动为特征。

陆内发展阶段:古近纪—第四纪,安吉地区处于相对宁静的间歇期,以不均衡差异升降运动为主,以天荒坪1400m的构造夷平面最为典型。

安吉地区区域构造总格局是褶皱发育、断裂丰富、构造复杂。县域内有学川-白水湾复背斜、杭垓-长兴复向斜、昌化-湖州断裂、孝丰-三门断裂,以及众多的推覆构造,区域地质构造比较复杂。尤其是南部及西南部地区,多见推覆构造、断裂构造及地层错位和倒转现象,原先褶皱被破坏得面目全非,断裂构造本身也变得更加错综复杂。

(一)主要褶皱构造

据《中国区域地质志·浙江志》,安吉县境内褶皱主要形成于中三叠世末期(印支运动时期)。由于后期断裂构造的破坏及中生代火山喷发物的覆盖,原先的褶皱构造形迹变得残缺不全或模糊不清。从残存的构造形迹判别,境内褶皱构造总体轴向为北东向,局部(孝山街道—安城村及灵峰山一线)因受后期北北东向及北西向断裂的破坏和影响,其褶皱轴向变成北北东向或近东西向。

1. 学川-白水湾复背斜

学川-白水湾复背斜位于临安区河桥镇学川村至天荒坪镇白水湾村一线,在区内表现为郎村背斜,轴向50°伸展。大部分被火山岩覆盖或断裂破坏而形态不完整,南西端被花岗岩体侵入,北东端则被学川-湖州断裂构造切割破坏。背斜核部地层为震旦系,两翼由寒武系、奥陶系组成,次级褶皱较发育,如井村向斜、港口向斜等。

2. 杭垓-长兴复向斜

杭垓-长兴复向斜位于学川-湖州断裂西北侧。向斜西南端始于安吉杭垓,往北东经梅溪后被第四系沉积物所掩盖,从地层的零星出露推断其断续延伸至长兴一带。向斜南西端仰起,往北东倾伏,轴向北东,自南西往北东地层依次为奥陶系、志留系、泥盆系。复式向斜由次级褶皱构造组成,境内表现为老坟山背斜、郭孝山向斜、庙山头背斜构造等。

(二)主要断裂构造

据2018年开展的"浙江仙霞—安吉地区矿产地质调查项目"的研究成果,安吉县域断裂构造较为发育。经统计,大小断裂有90余条,按延伸方向可分北东向、北西向、北东东向(近东西向)和北北东向(近南北向)4组断裂,现简述如下。

1. 北东向断裂

北东向断裂是安吉境内最主要的断裂构造。断裂整体延伸方向在30°~70°之间。区域构造分析表明,境内的极湖-三里庙断裂、汤村-瓦窑弄断裂、冷水洞-武曲岭断裂、营盘山-鲁家断裂、阮村-余村断裂组成的断裂构造带,总体受学川-湖州区域断裂构造控制,是学川-湖州大断裂（赣东北大断裂）的组成部分。

北东向断裂带由30余条断裂组成，安吉县境内所见最长的断裂长达18km。主断裂位置在上墅乡—递铺街道一线，断面倾角在50°～70°之间，断裂性质以压扭特征为主，影响宽度普遍在100～200m之间，两侧地质体均有不同程度的错位以及硅化蚀变。沿断裂带有酸性脉岩侵入，如鸡笼顶-狮子石花岗斑岩，长可达8km，宽100～300m，花岗斑岩脉常存在破碎、硅化现象，为北东向断裂后期破碎所致。断裂往往可使岩层倾角变陡或倒转，如下汤南约3km处受奥陶系断裂影响发生倒转。该组断裂具有硅化强烈、多期活动等特点。据已有资料，该组断裂主要活动时期为印支期，在燕山晚期有进一步活动的迹象。

2. 北西向断裂

北西向断裂在本区中部、南部较为发育。区域构造资料显示，区内有仙岩里-野坤口断裂、田畈里-鸡笼顶断裂、神堂-喻家坞断裂等，是孝丰-三门湾大断裂的组成部分。主断裂位置在港口村—孝丰社区一线，断裂走向在290°～330°之间，以切割下古生界为特征。

境内的百丈—谢坑坞—毛竹山—鄣吴村一线，北西向断裂也十分发育。经统计，该断裂带由近20条断裂组成，断裂性质以张扭性为主，少数为张裂性质。断层角砾岩性质大多为张性，角砾形态为尖棱角—棱角状，直径在3～7cm之间，铁质、泥质胶结。断裂切割了中生界、古生界，断裂两侧地层（地质体）错位往往较大，最大错距可达3km，断裂面倾角较陡，大多在60°～90°之间。该断裂带影响宽度为300～1000m不等，常以切割北东向和东西向断裂为特征。沿断裂带往往有中—基性脉岩侵入，部分基性脉岩又被晚期北西向断裂破碎，如在港口村一带分布玄武玢岩、安山玢岩、闪长玢岩等脉岩中的大多基性脉岩有不同程度的破碎和硅化作用。

在港口村—孝丰社区一线以北地区，晚期北西向断裂主要表现为张扭-拉张等形式，断裂断距大，北部的中生代沉积盆地主要受此断裂控制，如翠云山、笔架山北西向断裂及五峰尖-施基坞断裂等，明显将唐家坞组、西湖组地层错位，错距达1000m，断层角砾岩表现张性特征。断裂切入中生代盆地中戴组，使中戴组砂砾岩破碎、硅化。

3. 东西向断裂

东西向断裂在区内零星见及，由近10条断裂组成，长度一般在2～4km之间，断裂走向80°～100°，力学性质以压性为主。东西向断裂是早期断裂的残存，其初始活动早于其他方向断裂，并分别被北东向、北西向及北北东向断裂切割，断裂切割地层主要为古生界。形成后亦具多期活动迹象，部分切割中生界。该组断裂两侧地层错位不明显，断距似乎很小，但个别断裂两侧地层不连续，缺失较大。例如天荒坪镇白水湾村附近近东西向断裂，北侧为印渚埠组，南侧为杨柳岗组，缺失华严寺组、西阳山组两个层位。

4. 北北东向断裂

北北东向断裂发育时间最晚，在境内分布于鄣吴镇鄣吴村、孝丰镇赤坞村一线和诸家边、郭家上、水杨坞一线，走向10°～15°，长达17km，分别切割古生界和燕山晚期花岗闪长岩体，并切穿了北东向、北西向、东西向等断裂。断裂两侧地层(地质体)错位可达1km。断裂面倾向东,倾角60°~80°,局部直立,力学性质以张扭性为主,断层角砾岩显示张性特征。

(三)盆地构造

安吉地区北部天子湖镇良朋村、高禹村地区发育中生代晚期构造沉积盆地,面积约150km^2,属长兴泗安盆地的组成部分。盆地中心出露一套白垩系中戴组河湖相紫红色砂砾岩、砂岩、粉砂岩。盆地为下白垩统寿昌组杂色火山碎屑沉积岩,主要岩性为灰绿色、灰白色、黄绿色、紫红色、灰紫色凝灰质粉砂岩,砂岩,含砾砂岩夹流纹质晶屑玻屑凝灰岩,玻屑凝灰岩,沉凝灰岩,含角砾玻屑凝灰岩等。控制盆地的构造主要有北东向断裂、北西向断裂,如五峰尖-施基坞北西向断裂是盆地边缘的张扭-张性断裂,切错北东向断裂,并具多期活动的特征。

根据区域岩性组合与沉积环境,盆地形成的早期阶段可能受北东东向或近东西向压扭-张扭性断裂控制,并伴有间歇性火山活动;盆地晚期阶级继承了早期的盆地格架,主要由北东向及北西向断裂构造控制盆地的沉积作用。

(四)新构造运动

新近纪以来,安吉地区构造运动以垂直升降作用为主体。中更新世,在山前及北部盆地丘陵区广泛发育山麓堆积物,以残积、坡积为特征,形成一套棕红色、棕黄色网纹状亚黏土层,如天子湖镇高禹村、孝源街道皈山场村石坑桥等地。晚更新世,安吉地区北部总体表现为沉降作用,广泛发育冲积、洪积、堆积沉积物,形成一套棕灰色、棕色含砾亚黏土、亚砂土等。

全新世,区内仍以沉降为主体,出现多次海水侵入,在递铺街道曹埠自然村一带发现海积层,证实全新世中、晚期海水侵入可能南至塘浦西及南北湖以西地区。在安吉北部地区的地质调查中,曾在高禹镇南北湖附近剖面中发现位于紫红色砂砾风化壳之上且全新统松散物之下的海侵(异源)层。据相关钻井及区域水文资料,自全新世以来安吉地区至少经受了两次以上的海侵,海水上升最大高度在10m左右。

综上所述,安吉地区新构造运动以垂直升降作用为主,运动性质具有明显的继承性、间歇性、差异性和多样性的特点。

第二节 土壤圈

土壤是生态系统所涉及岩石圈、水圈、大气圈、生物圈等多圈层物质和能量的重要媒介[13,24-26],也是在母质、气候、生物、地形和时间等众多成土因素作用下形成的历史自然体[27]。

针对土壤类型、空间分布、垂向结构以及风化程度的调查是生态地质调查的核心工作与首要内容。2006—2008年实施的"浙江省安吉县农业地质环境调查"项目在土壤类型、分布、结构以及风化程度等方面开展了相关调查与研究,本书在充分利用前人资料的基础上,补充了部分内容,并对土壤圈特征进行了总结。

一、土壤类型特征

成土母质的多样性使土壤具有复杂性和多元性特点。按第二次全国土壤普查(又称第二次全国土地调查)的结果和划分方案,本书将安吉县土壤类型分为5个土类、9个亚类(图2-2-1)。

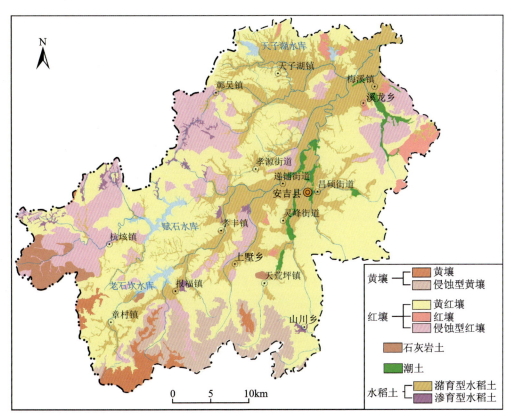

图2-2-1 安吉县土壤类型分布图

1. 黄壤

黄壤主要分布于海拔600m以上的中低山地林区,分布面积约170.12 km², 大面积分布在南部的龙王山、仰天坪、南天目、天荒坪、九亩田一线,在杭垓、章村、报福、上墅、山川等乡镇均有发育,可划分为黄壤和侵蚀型黄壤2个亚类。土壤母质包括各种火山凝灰岩、花岗质岩类等岩石的风化残坡积物。

2. 红壤

红壤是在亚热带生物、气候条件下形成的土壤,富铝化作用明显。本区红壤的母质以第四系红土、含砾土层、灰岩及部分火山岩、砂岩的风化体为主,风化程度较高,B层发育较好,土壤呈红色或棕红色,黏粒含量高,次生矿物以高岭石为主,土层微团聚体发育,土壤呈酸—强酸性。红壤分为黄红壤、红壤、侵蚀型红壤3个亚类。黄红壤为红壤向黄壤过渡的类型,一般分布于海拔600m以下,母质主要为火山岩、砂岩、花岗岩、泥质(硅质)岩等各类岩石的风化体。土体呈黄红色或黄棕色,B层发育较差,风化程度低,石砾性明显。侵蚀型红壤母质为各种岩石的风化残坡积物,土体中母质特征明显,石质性强、风化程度低,土体结构常呈A-C型,一般无B层发育,土层厚度仅4~10cm,土壤呈强酸性,养分较低。侵蚀型红壤主要分布在低山丘陵陡坡处。

3. 石灰岩土(岩性土)

石灰岩土是由特征母岩(一般以灰岩为主)风化发育的土壤。这类土壤带有明显的母岩本体特征。在灰岩背景上发育的岩性土,表层土呈棕黑色—紫棕色,核粒状结构,B层不发育,土壤呈酸性(pH在6.0~6.5之间),且有自上而下增高的特点。土层厚度变化较大,从几厘米至数十厘米不等,土壤养分差异明显。

4. 潮土

潮土是以西苕溪冲积物为母质发育而成的土壤,土层较深厚,表土疏松,人为耕作熟化程度较高,心土层一般无明显的层次分异。潮土基本承袭了母质原有的特性。

5. 水稻土

水稻土是安吉县境内分布较广的土壤类型,沿西苕溪河谷平原展布。水稻土是在人工条件下,经长期的水田耕作、培肥和轮作,产生的具有犁底层、渗育层等层次分离和发育特征的土壤。由于周期性的水耕、旱作,土壤氧化还原过程十分频繁,反映在剖面上物质的淋溶、淀积过程也很强烈。根据发育分异程度,水稻土可进一步划分为潴育型水稻土和渗育型水稻土。

二、土壤分布特征

安吉县地处浙北,气候具有中亚热带向北亚热带过渡的特征,反映出土壤水平在分布上也同样具有这种过渡性特征。土壤分布上不仅具有地带上的分异性,还具有区域过渡性特征,在垂直和水平方向上均表现出特有的分布规律。

1. 水平分区性明显

由于安吉县位于红壤带北缘,因而发育的红壤没有成片的连续性,与浙江南部的典型红壤地区存在一定差异。水稻土的发育与分布则受地形、地貌和人类活动的明显制约,但从全县范围看,水平分区性明显。

南部中低山黄壤区:为海拔 600m 以上中低山地,土壤母质以熔结凝灰岩、流纹岩为主,土壤发育层次受海拔高度影响,具垂直分布规律。

中南部丘陵灰泥土区:所处山势不高,分布面积不大,海拔 300~400m,母质为含硅质碳质泥页岩。

中部低丘黄泥砂土区:山体低缓,土层深厚,成土母质以奥陶系泥质页岩和志留系粉—细砂岩为主,土层厚达 1.5m,属典型的黄红壤,分布最为广泛。

河谷平原泥质田区:沿西苕溪两岸分布,母质为来自上游母岩的河流相冲积物,至西苕溪下游地区,母质以湖相或湖沼相为主。在土壤性状方面,中上游土壤粉砂性强,中下游土壤则黏性较强。

西部砂质红土区:分布于岩体出露地区,成土母质多为花岗质岩石,如景坞、文岱、岭西、章村、山川等地,风化土层深厚,富含石英砂粒,母质基底不牢固,极易受冲刷侵蚀。

西北部岗地酸性紫色土区:与长兴县泗安镇、广德市(安徽省)相连,分布于高禹村、南湖林场及天子岗水库周边地区,土壤母质为白垩系紫红色砂砾岩,基岩露头多,土层浅薄,植被发育差。

2. 垂直分带性显著

安吉县山地土壤垂直分布规律较强,黄壤的界线大致在海拔 600m 处,随着海拔的下降,黄壤逐渐向黄红壤过渡。黄壤表层有机质含量高,土壤剖面黄化,富铝化程度不及红壤强烈。海拔 600m 以下土壤颜色变深变红,表层有机质减少,海拔的递减又出现了黄红壤向红壤过渡的特征(图 2-2-2)。

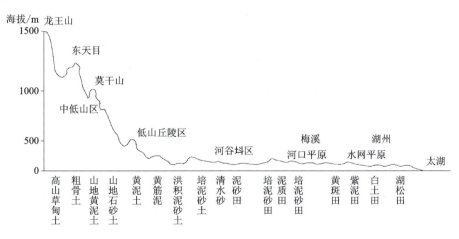

图 2-2-2 安吉县主要土壤类型垂直分带图

三、土壤垂向结构特征

1. 土体构型

土体构型是指土壤的各个发生层在垂向上有规律地组合和有序排列的状况,其物质基础是第四纪以来原积和再积的岩石风化产物,也是第四系地质结构的重要组成部分。一方面,土体构型记录了古地理的区域变化,同时也储存了古气候在时间上演变的重要物质信息;另一方面,不同的土体构型代表不同的养分配比和某些特有养分的储备,这些养分储备是一些农特产生长的重要物质基础。因此,研究土体构型上各土壤层次的矿物组成、理化性状和微量元素迁移富集特征,具有重要的意义。

根据土壤母质与下伏基岩矿物成分的直接和间接关系,一般情况下,水网平原区偏重于土体上部土壤质地的研究,而低山丘陵区则偏重于土体下部物质成分的研究。本书根据野外调查和前人研究资料,对安吉县土体构型进行了归纳总结,如表2-2-1所示(表中土体剖面符号及含义见表2-2-2)。表2-2-1列举了安吉县不同地区土类对应的土壤亚类或土属、土种及土体构型。由于地貌特征与土壤类型不同,安吉县自北而南土壤剖面结构存在较大的差异,土体构型差异为农业种植多样化奠定了基础。

表2-2-1 安吉县土体构型一览表

地貌分区	土类	亚类或土属	土体构型	土种	分布
水网平原区	水稻土	潴育型水稻土	$A-Ap_{Fe,Mn}-W_{Fe,Mn}-Cl-h$	培泥砂田、泥质田	梅溪、溪龙、徐树湾等
河谷平原区	水稻土	潴育型水稻土	$A-Ap_{Fe,Mn}-W_{Fe,Mn}-Cal$	培泥砂田、泥砂田	塘浦、安城、上墅、报福、鄣吴等
河谷平原区	潮土	潮土	$Aca-Bca-Cpl$	洪积泥砂土、清水砂、培泥砂土	独山头、大路口、路西、芝里、黄墅、白水湾、马家、长弄口
低山丘陵区	红壤	红壤	$A-Cel-DS_2t$	黄筋泥	昆铜、溪龙等
低山丘陵区	红壤	黄红壤	$A-[B]-Cdl-DJ_3h$	粉红泥土、黄泥土、黄红泥土	赤山、大马坑坞、大溪、山河、独山头、羊眼坞、黄巢坞等
低山丘陵区	黄壤	山地黄泥土	$A-[B]-Cel-DJ_3h$	山地黄泥土	龙王、黄泥凸、杨树边等
低山丘陵区	黄壤	侵蚀型黄壤	$A-Cel-DJ_3h$	山地石砂土	九亩、石塔底、董岭等

表 2-2-2 土体剖面符号及含义对照表

代号	含义	代号	含义	代号	含义
A	耕作层、表土层	W	渗育层、潴育层	al	冲积
Ap	犁底层	Cel-dl	母质及成因	pl	洪积
B	淀积层	DJ_3h	母岩及层位	dl	坡积
[B]	淋溶层	Ca	钙质	l-h	湖沼积
C	母质层	Fe	铁质	el	残积
D	母岩、基岩层	Mn	锰质		

不同的土体构型反映不同的成土条件和成土过程。例如湿热气候条件下经过强烈的淋溶作用发育形成 A-[B]-C 型红壤,降水和地下水双重影响下形成 A-B-C 型潮土,沼生植物腐烂在强烈的还原环境形成 Ag-G 型潜育土。在此基础上,人们长期的生产实践活动和水旱交替、耕作熟化等成土过程,使先前土体构型的剖面结构和土壤属性发生了相应的变化,或出现了一些过渡性的土体构型。

2. 土壤质地

土壤质地是指根据土壤的机械组成划分的土壤类型。土壤质地不仅继承了成土母质的类型和特点,而且还受人们耕作、施肥、排灌和平整土地的影响。另外,土壤质地又是土壤十分稳定的自然属性,反映了母质来源及成土过程的主要特征。土壤质地不仅对土壤母质中养分的析出、土壤耕性起决定作用,而且也影响着土壤水、气、热条件和作物根系的生长。因此,土壤质地与土壤生产性能关系十分密切,是鉴定土壤质量优劣的重要依据。据浙江省土壤普查资料,安吉县土壤质地有如下主要特点。

(1)水网平原区,土壤比较匀细,黏粒、粉砂、细砂兼有,粗砂含量极少。河谷平原区的土壤质地变化较大,上游及中游地段粗砂、细砂含量较高,质地较粗;下游地段粉砂、黏粒含量较多,质地较细。丘陵山区土壤经常受到冲刷和坡积的影响,土壤质地变化较大,砂、砾、泥均有,如塘浦、安城一带。

(2)安吉县土壤中,黏性最强的主要是黄筋泥等土种,分布在昆铜一带。其中,颗粒粒径小于 0.01mm 的黏粒含量一般在 70% 以上,属中黏范围,其中有些土壤或因土壤中有机质不足,或因排水不畅,结构不良,在耕作上表现出黏韧、僵硬、重滞等现象;相反,有些砂性过强的土壤,如石砂土、清水砂等,由于砂粒含量过多,出现漏水漏肥的现象,养分贫乏失调。尤其石砂土由于岩石碎片、粗砂含量高,土质瘠薄,表现为荒山荒地,难以进行农业种植。

(3)比较肥沃的耕地土壤,如泥质田等,一般具有松而不板、软而不韧、水渗而不漏、肥效快而不猛等特点,物质组成比较适当,质地大多为重壤到轻黏。其中,粒径小于 0.001mm 的颗粒占 15%~20%,粒径小于 0.05mm 的颗粒占 10% 以下,粗、中、细搭配适当,如溪龙、孝丰等地的水稻土。

综上所述,安吉县内耕地土壤质地的变化规律是:自低山丘陵向北经河谷平原至水网平原,土壤质地由轻变重,依次为砂壤、轻壤、黏壤、轻黏等,绝大多数砂黏适中,宜耕性较好,是相对高产稳产的农业种植区。

四、土壤风化程度

土壤的风化程度是土壤的重要特征之一,它是多种因素综合作用的结果,也是土壤理化特性的综合反映。由岩石演变成风化壳,再风化形成土壤的过程比较复杂,受多种因素影响。

安吉县属亚热带季风湿润气候,无明显严寒酷暑,多年平均气温为15℃。温暖、潮湿的气候条件是土壤风化过程主要影响因素。不同采样点土壤剖面的风化程度有差异,但差异不明显。由于研究区域较小,各采样点不存在气候因素差异,风化程度差异主要由岩性、地形和植被因素决定。

通常采用土壤风化淋溶系数(ba)和化学风化系数(CIA)来表征土壤风化程度,ba 计算公式为:$ba=[C(Na_2O)+C(K_2O)+C(CaO)+C(MgO)]/C(Al_2O_3)$,式中 ba 值是钠、钾、钙、镁氧化物分子数之和与氧化铝分子数的比值,ba 值越小,表示土壤风化程度越高。CIA 计算公式为:$CIA=[n(Al_2O_3)\times100]/[n(Al_2O_3)+n(CaO)+n(K_2O)+n(Na_2O)]$,式中各元素氧化物的含量均为摩尔质量,而 CaO 是硅酸盐矿物中的 CaO,即全岩中的 CaO 扣除化学沉积的 CaO 的摩尔质量。通常,在寒冷且干旱的气候条件下,化学风化程度低,CIA 值为 50～65;在温暖且湿润的气候条件下,化学风化程度中等,CIA 值为 65～85;而在炎热且潮湿的热带气候条件下,化学风化程度极为强烈,CIA 值为 85～100[27]。同时,也常采用硅铝铁率来衡量脱硅富铁铝程度,计算公式为:$Saf=C(SiO_2)/[C(Al_2O_3)+C(Fe_2O_3)]$,式中 C 指分子数。Saf 值越小,说明脱硅富铁铝程度越强[28]。

计算结果(表 2-2-3)表明,安吉县不同岩性的 CIA 平均值为 70.46～79.86,指示温暖且潮湿的气候环境,岩石化学风化程度中等,志留系粉砂质泥岩类风化程度相对较高,ba 平均值为 0.42～0.79,志留系粉砂质泥岩类 ba 平均值为 0.43,也基本指示志留系粉砂质泥岩类风化程度较高;Saf 平均值为 6.52～12.82,指示花岗岩风化程度高。

表 2-2-3　不同岩石背景土壤层风化系数一览表

岩性名称	岩性代号	风化系数	最大值	最小值	平均值	标准差	变异系数
白垩系砂砾岩类	cgK	CIA	82.68	73.68	77.82	3.06	0.04
		ba	0.49	0.33	0.42	0.05	0.13
		Saf	14.91	10.19	12.82	1.30	0.10
奥陶系钙质泥岩类	cshO	CIA	81.03	70.27	77.55	2.81	0.04
		ba	0.68	0.41	0.52	0.09	0.17
		Saf	10.62	7.68	9.03	0.63	0.07

续表 2-2-3

岩性名称	岩性代号	风化系数	最大值	最小值	平均值	标准差	变异系数
白垩系英安质熔结凝灰岩类	dprK	CIA	80.24	68.56	74.93	2.71	0.04
		ba	0.63	0.37	0.48	0.05	0.11
		Saf	11.63	6.67	8.95	1.35	0.15
寒武系饼条状泥灰岩类	ml∈	CIA	78.16	58.44	72.08	5.62	0.08
		ba	1.10	0.61	0.73	0.14	0.18
		Saf	10.83	6.82	9.16	1.26	0.14
第四系沉积物	Q	CIA	80.46	64.54	72.68	3.87	0.05
		ba	0.99	0.36	0.56	0.11	0.19
		Saf	15.18	6.21	10.71	1.80	0.17
白垩系流纹质熔结凝灰岩类	rprK	CIA	86.33	69.74	74.68	3.20	0.04
		ba	0.56	0.26	0.46	0.06	0.13
		Saf	12.24	6.56	8.55	1.33	0.16
寒武系碳质硅质页岩类	sic∈	CIA	79.30	63.53	73.84	5.29	0.07
		ba	1.29	0.49	0.74	0.30	0.41
		Saf	12.46	9.44	10.88	1.08	0.10
寒武系含硅泥质灰岩类	sil∈	CIA	75.57	58.77	70.46	4.71	0.07
		ba	1.52	0.51	0.79	0.26	0.33
		Saf	13.41	7.90	10.43	1.46	0.14
志留系粉砂质泥岩类	simS	CIA	83.22	77.11	79.86	1.78	0.02
		ba	0.49	0.35	0.43	0.04	0.10
		Saf	11.35	8.25	9.87	0.97	0.10
奥陶系砂岩类	ssO	CIA	81.14	73.00	77.50	2.80	0.04
		ba	0.54	0.40	0.47	0.04	0.09
		Saf	12.38	8.23	10.22	1.01	0.10
志留系砂岩类	ssS	CIA	85.07	73.03	79.15	2.83	0.04
		ba	0.53	0.28	0.42	0.06	0.14
		Saf	16.31	8.28	12.22	1.81	0.15
奥陶系粉砂岩类	stO	CIA	83.92	71.97	78.19	2.80	0.04
		ba	0.56	0.33	0.46	0.06	0.13
		Saf	11.39	7.08	9.81	1.05	0.11

续表 2-2-3

岩性名称	岩性代号	风化系数	最大值	最小值	平均值	标准差	变异系数
志留系粉砂岩类	stS	CIA	83.70	72.62	79.62	2.35	0.03
		ba	0.57	0.31	0.41	0.05	0.13
		Saf	16.70	5.76	11.78	2.16	0.18
花岗岩	γ	CIA	76.09	71.12	73.71	1.88	0.03
		ba	0.54	0.42	0.47	0.04	0.08
		Saf	8.02	5.16	6.52	0.77	0.12
二长花岗岩	ηγ	CIA	79.16	67.87	72.25	2.89	0.04
		ba	0.62	0.37	0.52	0.06	0.11
		Saf	11.57	4.91	7.01	1.56	0.22
石英二长斑岩	ηοπ	CIA	74.96	70.13	72.44	1.66	0.02
		ba	0.58	0.48	0.53	0.03	0.06
		Saf	7.95	6.03	6.94	0.55	0.08
流纹斑岩	λπ	CIA	76.89	73.00	74.27	1.34	0.02
		ba	0.53	0.41	0.46	0.04	0.08
		Saf	10.67	8.07	9.76	0.75	0.08

第三节 水 圈

一、地表水特征

（一）地表水流域分布

据安吉县水文资料，县境内主要河流为西苕溪，境内流域面积 1806km²，主流全长 110.75km²，干流面积约 145km²，河道平均坡降 0.004 8。西苕溪发源于章村镇龙王山和杭垓镇狮子山，自西南向东北斜贯安吉县，至梅溪镇小溪口出县境，过长兴经湖州注入太湖。西苕溪主要支流有西溪、南溪、大溪（龙王溪）、浒溪、递铺溪、晓墅港、浑泥港七大水系（图 2-3-1）。

西溪是西苕溪的主要分支，发源于海拔 862m 的永和乡狮子山，流经杭垓镇、孝丰镇、饭山乡等乡镇，在递铺街道鹤鹿溪村长潭与南溪汇合，长潭以下称西苕溪干流。西溪主流长 49.3km，河道平均坡降 0.004 3，流域面积 465km²。在孝丰镇赤坞建有赋石水库，总库容 2.18 亿 m³，集水面积 331km²。

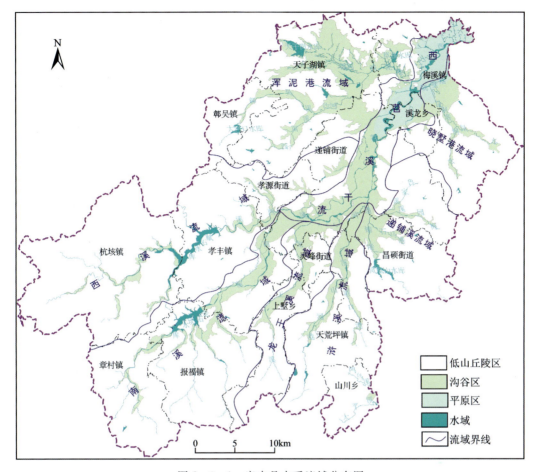

图 2-3-1　安吉县水系流域分布图

南溪是西苕溪的另一主要分支,发源于海拔 1587m 的章村镇龙王山,经章村镇、报福镇、孝丰镇,在递铺街道鹤鹿溪村长潭与西溪汇合。南溪主流长 47.2km,河道平均坡降 0.014 3,流域面积 345km²。在孝丰镇老石坎村建有老石坎水库,总库容 1.15 亿 m³,集水面积 258km²。

大溪(龙王溪)自南而北流经上墅乡和递铺街道西部,发源于海拔 829m 的上墅乡董岭头,在递铺街道塘浦笕桥头注入西苕溪。大溪主流长 30km,河道平均坡降 0.022,流域面积 113km²。

浒溪自南而北流经天荒坪镇和递铺街道,发源于天荒坪镇陈王山,上游有山河港、港口港两条分支,在天荒坪镇官舍汇合,至境内渔渚渡注入西苕溪。浒溪主流长 36.9km,河道平均坡降 0.015 2,流域面积 204km²。

递铺溪发源于海拔 493m 的德清县大山上,自南而北流经递铺街道,在六官里与浒溪汇合,注入西苕溪。递铺溪沿途在递铺街道中桥有石马港注入,在应家潭有梅园溪注入。递铺溪主流长 18.2km,河道平均坡降 0.007 3,流域面积 163km²。

晓墅港自南而北流经梅溪镇,发源于海拔 594m 的梅溪镇四面山,经梅溪镇入长兴县,在吴山渡注入西苕溪。其中,晓墅港在黄武桥以上称昆铜港。晓墅港主流长 19.2km,河道平均坡降0.007 3，流域面积138km²。

浑泥港发源于海拔397m的鄣吴镇金鸡山，流经鄣吴镇、天子湖镇和梅溪镇，在梅溪镇小木桥注入西苕溪。上游有沙河、泥河两条分支，在天子湖镇黄大桥汇合。沙河在天子湖镇汤湾桥以上又分为鄣吴溪和西亩溪。浑泥港主流长40.3km，河道平均坡降0.004 2，流域面积313km²。在鄣吴镇建有大河口水库，总库容0.108亿m³，集水面积18.5km²。在天子湖镇建有天子岗水库，总库容0.18亿m³，集水面积25km²。

除上述西苕溪主要的一级支流外，安吉县还有大量西苕溪的一级小支流和二级小支流，少量为东苕溪的小支流。

（二）地表水循环

安吉县域内水资源系统相对独立。地表水主要来源于大气降水，通过西苕溪各支流径流汇入西苕溪干流段，干流段至梅溪镇小溪口出县境，过长兴县经湖州市注入太湖。

丰水期，地表水通过水系侧向及地表入渗补给地下水；枯水期，当地表水位低于地下水水位时地下水补给地表水。另外，蒸发及国民经济发展用水等也是地表水排泄的方式之一。

二、地下水特征

（一）地下水含水层特征

1. 地下水类型及含水层组划分

据安吉县水文地质调查资料，安吉县地下水按赋存空隙介质、水理性质、水力特征、埋藏条件及所处的地貌位置等，可分为松散沉积物孔隙水、基岩裂隙（溶洞）水两大类。松散沉积物孔隙水可分为孔隙潜水和孔隙承压水2个亚类，基岩裂隙（溶洞）水可分为红层孔隙裂隙水、碳酸盐岩类裂隙溶洞水和基岩裂隙水3个亚类。在亚类的基础上，含水层（岩）组又可分为全新统镇海组中段冲湖积含水层组，全新统鄞江桥组冲积含水层组，全新统鄞江桥组洪冲积含水层组（微承压），上更新统莲花组冲积洪冲积含水层组，中更新统之江组坡洪积冲洪积含水岩组，中更新统东浦组冲积含水岩组，白垩系红层孔隙裂隙水，石炭系、二叠系碳酸盐岩类裂隙溶洞水，寒武系碳酸盐岩夹碎屑岩裂隙溶洞水，泥盆系、志留系、奥陶系、南华系碎屑岩层状岩类裂隙水，白垩系火山岩块状岩类裂隙水，白垩系次火山岩、侵入岩风化带网状裂隙水共12个含水岩层（组）（图2-3-2，表2-3-1）。

2. 水文地质特征

松散沉积物孔隙水赋存在平原区和山麓沟谷区，分布面积约396km²。基岩裂隙（溶洞）水赋存全区，其中出露低山丘陵区约1490km²。各含水层组主要水文地质特征分述如下。

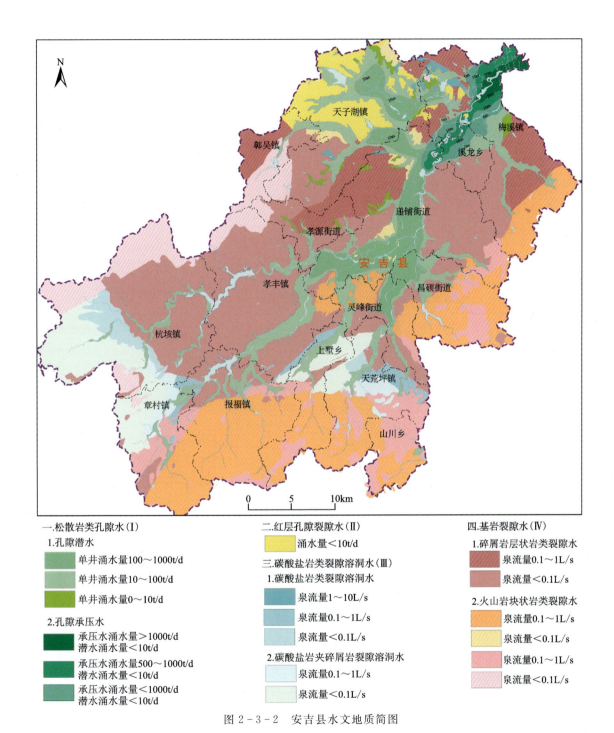

图 2-3-2 安吉县水文地质简图

表 2-3-1 地下水类型及其含水岩组划分表

类	亚类	含水岩层(岩)组	地层 主要岩性	地层 地层代号	富水性
覆盖区松散岩类孔隙水（Ⅰ）	松散岩类孔隙水（Ⅰ₁） 孔隙潜水（Ⅰ₁）	全新统镇海组中段冲湖积含水层组	亚黏土、亚砂土	$al-lQhzh^2$	单井涌水量小于10t/d
		全新统鄞江桥组冲积含水层组	亚黏土、亚砂土、砂土	$alQhy$	单井涌水量10～100t/d
		全新统鄞江桥组洪冲积含水层组（微承压）	砂砾石	$pl-alQhy$	单井涌水量100～1000t/d
		上更新统莲花组冲积洪冲积含水层组	亚黏土、砂砾石	$al、pl-alQp_3l$	单井涌水量小于10t/d
		中更新统之江组坡洪积冲洪积含水岩组	含角砾(碎石)黏性土	$dl(al)-plQp_2z$	单井涌水量小于5t/d
	孔隙承压水（Ⅰ₂）	上更新统东浦组冲积含水岩组	砂砾石、砂土	$alQp_3d$	单井涌水量500～2000t/d
出露区和覆盖区基岩裂隙（溶洞）水	红层孔隙裂隙水（Ⅱ）	白垩系红层孔隙裂隙水	砂砾岩	$K_{1-2}z$	单井涌水量小于10t/d
	碳酸盐岩类裂隙溶洞水（Ⅲ）	石炭系、二叠系、寒武系碳酸盐岩类裂隙溶洞水	灰岩	$C_1y、C_2l、C_2h、C_2P_1c、P_2q、\in Ox、\in_3h$	泉流量小于10L/s
		寒武系碳酸盐岩夹碎屑岩裂隙溶洞水	含硅泥质灰岩、白云岩	$\in_1d、\in_2y、\in_1h、Z_{1-2}l、Z_2p$	泉流量小于1.0L/s
	基岩裂隙水（Ⅳ）	泥盆系、志留系、奥陶系、南华系碎屑岩层状岩类裂隙水	石英砂岩、粉—细砂岩、钙质泥岩、碳硅质泥岩	$D_3x、D_3z、C_1z、S_2t、S_1h、S_{1-2}k、S_1x、O_3w、O_3c、O_{1-2}n、O_{2-3}h、O_3y、O_3h、O_1y、Pt_3^2x、Pt_3^2l$	泉流量小于1.0L/s
		白垩系火山岩块状岩类裂隙水	流纹质、英安质火山碎屑岩	$K_1h、K_1^2s$	泉流量小于1.0L/s
		白垩系次火山岩、侵入岩风化带网状裂隙水	英安玢岩、流纹斑岩、石英二长斑岩、石英正长岩、花岗岩	$\zeta\mu K、\lambda\pi K、\eta o\pi K、\xi oK、\Gamma K$	泉流量小于1.0L/s

1)平原区

(1)全新统镇海组中段冲湖积含水层组(al-lQhzh²):主要分布于平原区(图2-3-3),含水层岩性为灰黄色可塑粉亚黏土、灰色—灰黄色稍密—中密状亚砂土,厚度一般为2.5～10.0m,民井单井涌水量小于10t/d,水位埋深一般为0.5～1.5m,年动态变化一般为±1.0m,水质为淡水,溶解性总固体(TDS)含量为0.3～0.7g/L,水化学类型为HCO_3-Ca·Na型、HCO_3·Cl-Ca·Na型。

(2)上更新统东浦组冲积含水岩组(alQp₃d):主要分布于平原区(图2-3-3),含水层岩性主要为灰黄色—灰绿色中密—密实状砂砾石,局部为砂土,厚度一般为4.0～20.0m,沿西苕溪古河道流向及中心向两侧减薄。单井涌水量500～2000t/d,为区内主要承压含水层,与浙江省内相对应为I_2含水层。含水层一般上覆陆相的硬土层,水质为淡水,水化学类型为HCO_3-Na·Ca型、Cl·HCO_3-Na型。

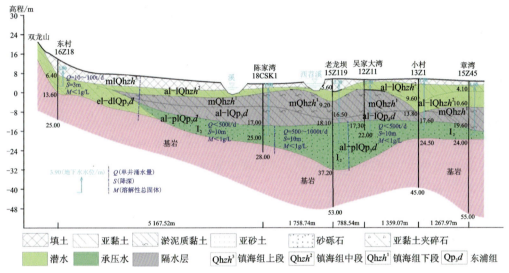

图2-3-3 平原区松散岩类孔隙水水文地质剖面图

2)山麓沟谷区

(1)全新统鄞江桥组冲积含水层组(alQhy):分布于狭长的山麓沟谷区(图2-3-4),含水层岩性主要为灰黄色—黄褐色亚黏土、亚砂土及砂土,含水层厚度上游薄、下游厚,一般为1.0～10.0m,单井涌水量10～100t/d,静止水位埋深上游浅、下游深,厚度一般为0.5～2.0m,年动态变化一般为±1.5m,水质良好,溶解性总固体含量为0.08～0.4g/L,水化学类型为HCO_3-Ca型、HCO_3·SO_4-Ca·Na型。

(2)全新统鄞江桥组洪冲积含水层组(pl-alQhy):分布于狭长的山麓沟谷区,含水层岩性主要为灰黄色—褐黄色稍密—中密状砂砾石,厚度一般为3.0～5.0m,天子湖镇王家村局部厚度可达10m左右。单井涌水量100～1000t/d,静止水位埋深一般为0.5～2.0m,年动态变化一般为±1.5m,水质良好,溶解性总固体含量为0.08～0.4g/L,水化学类型为HCO_3-Ca型、HCO_3·SO_4-Ca·Na型。该含水层为区内主要潜水含水层,由于其上常常覆盖全新统鄞江桥组冲积亚黏土,因此具有微承压性。

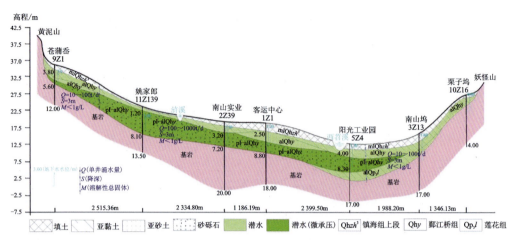

图 2-3-4 山麓沟谷区松散岩类孔隙水水文地质剖面图

(3) 上更新统莲花组冲积洪冲积含水层组（al、pl - alQp₃l）：沟谷区局部分布，主要分布在西苕溪干流沟谷区与基岩区交接附近，含水层岩性主要为灰黄色—褐黄色亚黏土及砂砾石，厚度一般为 2.0～3.0m，局部厚度可达 8.0m。静止水位埋深一般为 0.5～1.50m，年动态变化一般为 ±1.5m，单井涌水量小于 10t/d。水质为淡水，水化学类型多为 $HCO_3 - Ca$ 型。

(4) 中更新统之江组坡洪积冲洪积含水岩组 [dl(al) - plQp₂z]：沟谷区零星分布，含水层岩性主要为棕红色—褐黄色含角砾（碎石）黏性土，具网纹状，厚度一般为 0.5～6.0m，变化较大。单井涌水量小于 5t/d，水量贫乏，静止水位埋藏较浅，雨季有水，旱季无水。水质为淡水，水化学类型多为 $HCO_3 - Ca$ 型。

3) 基岩裂隙（溶洞）水

(1) 白垩系红层孔隙裂隙水：主要分布于天子湖镇低山丘陵区及部分覆盖区，含水层岩性主要为白垩系紫红色砂砾岩、砂岩。单井涌水量小于 10t/d，富水性一般。

(2) 石炭系、二叠系、寒武系碳酸盐岩类裂隙溶洞水（Ⅲ）：主要分布于安吉县北部和南部低山丘陵区及部分覆盖区，含水层岩性主要为石炭系、二叠系、寒武系灰岩，泉流量小于 10L/s。

(3) 寒武系碳酸盐岩夹碎屑岩裂隙溶洞水：主要分布于安吉县北部和南部低山丘陵区及部分覆盖区，含水层岩性主要为寒武系含硅泥质灰岩、白云岩，泉流量小于 1.0L/s。

(4) 泥盆系、志留系、奥陶系、南华系碎屑岩层状岩类裂隙水：主要分布于安吉县中北部低山丘陵区及部分覆盖区，含水层岩性主要为泥盆系、志留系、奥陶系、南华系砂岩和泥岩，泉流量小于 1.0L/s，其溶解性总固体含量一般为 0.1～0.4g/L，水化学类型以 $HCO_3 - Ca$ 型为主。

(5) 白垩系火山岩块状岩类裂隙水：主要分布于安吉县南部和东部低山丘陵区及部分覆盖区，含水层岩性主要为白垩系流纹质、英安质火山碎屑岩，泉流量小于 1.0L/s，溶解性总固体含量为 0.05～0.2g/L，水化学类型为 $HCO_3 - Na·Ca$ 型。

(6) 白垩系次火山岩、侵入岩风化带网状裂隙水：主要分布于安吉县西南部和东部部分低山丘陵区及部分覆盖区，含水层岩性主要为白垩系英安玢岩、流纹斑岩、石英二长斑岩、石英正长岩、花岗岩,泉流量小于1.0L/s,溶解性总固体含量一般为0.05~2.0g/L,水化学类型为HCO_3-Na·Ca型。

3. 地下水径流模数

安吉县具有相对独立的地下水系统,且七大水系流域分水线明显,因此年内枯期地表水径流量近似地下水天然资源量。

(1)地下水径流模数计算:本书利用安吉县近年来横塘村(西苕溪)、赋石水库(西溪)、老石坎水库(南溪)、天子岗水库(泥河)、大河口水库(沙河)、凤凰水库(递铺溪)等监测断面数据(表2-3-2),选取当年最小径流量,以多年平均最小径流量计算枯期流量,舍去大于平均值两倍以上的丰水年数据。

(2)地下水径流模数分区:依据西苕溪干流、西溪、南溪、泥河、沙河、递铺溪等流域分布范围,并在充分考虑地形地貌的基础上,对区内地下水径流模数进行分区(图2-3-5)。其中,径流模数6.30L/(s·km²)的集水面积为127km²,径流模数3.10L/(s·km²)的集水面积为483km²,径流模数2.50L/(s·km²)的集水面积为536km²,径流模数2.20L/(s·km²)的集水面积为162km²,径流模数1.50L/(s·km²)的集水面积为415km²,径流模数0.60L/(s·km²)的集水面积为163km²。

(3)地下水天然资源量:由地下水径流模数计算的安吉县地下水总天然资源量为148.67×10^6t/a,与大气降水渗入法计算的安吉县地下水天然资源量(149.23×10^6t/a)接近,其他各分区计算值见表2-3-3。

(二)地下水补径排条件

安吉县地下水资源主要来源于大气降水和地表水,不同类型地下水之间可以相互转化。

1. 松散岩类裂隙水

1)潜水

(1)平原区孔隙潜水:表层孔隙潜水接受大气降水和农田灌溉回渗水补给,平原区降水充沛,补给条件良好。由于平原内地形坡降极小,潜水含水层透水性一般,故潜水径流强度较弱。因此,除临河、临湖地带缓慢排泄于地表水体和民井开采外,旱季蒸发是潜水主要的排泄方式。由于区内承压含水层之上覆盖有较厚隔水层,因此孔隙潜水较难通过渗流补给深部承压水,但在承压水流场受人为开采强烈干扰后,也可能激发潜水对深层水的越流补给。

(2)山麓沟谷区孔隙潜水:分布于山前的孔隙潜水,接受充沛的大气降水垂直补给和山区基岩裂隙水的侧向补给,沟谷是其排泄场所;地下水径流途径短而畅通,水循环交替强烈,易受气候、水文、地貌等因素控制,动态变化大。丰水期,主要接受大气降水补给,排泄补给地表水;枯水期,接受地表水补给。区内孔隙潜水易受气候、水文等因素影响,水量、水质动态变化大,易受污染。

表2-3-2 安吉县监测断面地下水径流模数计算表

年份	(西苕溪)横塘村 枯期流量 m³/s	集水面积 km²	径流模数 L/(s·km²)	(西溪)赋石水库 枯期流量 m³/s	集水面积 km²	径流模数 L/(s·km²)	(南溪)老石坎水库 枯期流量 m³/s	集水面积 km²	径流模数 L/(s·km²)	(泥河)天子岗水库 枯期流量 m³/s	集水面积 km²	径流模数 L/(s·km²)	(沙河)大河口水库 枯期流量 m³/s	集水面积 km²	径流模数 L/(s·km²)	(递铺溪)凤凰水库 枯期流量 m³/s	集水面积 km²	径流模数 L/(s·km²)
2005	2.71	1316	2.06	0.24	331	0.73												
2006	6.01	1316	4.57	1.84	331	5.56	0.45	258	1.73									
2007	8.54	1316	6.49	1.17	331	3.53												
2008	6.38	1316	4.85				0.93	258	3.60									
2009	6.55	1316	4.98	1.00	331	3.02				0.01	23.8	0.38						
2010	9.41	1316	7.15	1.14	331	3.44	0.47	258	1.81									
2011	5.76	1316	4.38	0.79	331	2.39	0.39	258	1.51	0.01	23.8	0.46	0.06	19.6	3.01			
2012	5.40	1316	4.10	1.54	331	4.65	1.14	258	4.42	0.03	23.8	1.09	0.03	19.6	1.53	0.07	39.5	1.70
2013	9.40	1316	7.14	0.67	331	2.01	0.51	258	1.99									
2017	13.50	1316	10.26															
2018	13.10	1316	9.95															
2019	13.40	1316	10.18															
平均值			6.34			3.17			2.51			0.64			2.27			1.70
本次取值			6.30			3.10			2.50			0.60			2.20			1.50

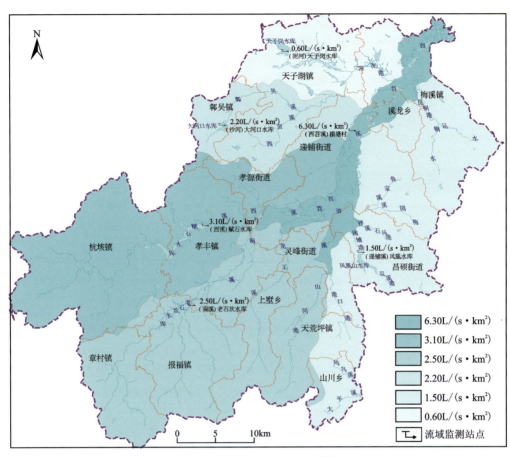

图2-3-5 安吉县地下水径流模数分区图

表2-3-3 安吉县地下水天然资源量(径流模数法)一览表

参数	单位	监测点						总计
		1	2	3	4	5	6	
地下水径流模数	L/(s·km²)	6.30	3.10	2.50	0.60	2.20	1.50	
计算面积	km²	127	483	536	163	162	415	1886
地下水天然资源量	10⁶ t/a	25.26	47.21	42.26	3.09	11.25	19.61	148.68

2)承压水

区内平原深部存在上更新统东浦组冲积承压水含水层,该含水层上覆有较厚的镇海组海积淤泥质黏土、东浦组冲湖积亚黏土等隔水层,平原区孔隙潜水对承压水基本没有补给,上游山麓沟谷区孔隙潜水是承压水的主要补给源,下游径流及人工开采是承压水主要的排泄方式。

2. 基岩裂隙（溶洞）水

出露区基岩裂隙（溶洞）水接受大气降水补给，沿岩溶构造、断裂带及层面溢流，补给第四系含水层和山麓沟谷的地表水体。地下水运动受地形和断裂带控制，泉和生产井是出露区基岩裂隙（溶洞）水的主要排泄方式。覆盖区基岩裂隙（溶洞）水主要接受上覆潜水和承压水长期补给，覆盖区基岩裂隙（溶洞）水的主要排泄方式为人工开采生产井。

三、大气降水

据安吉县气象资料，安吉县属中纬度北亚热带南缘季风气候区，一年四季分明，雨热同季、降水充沛，常年（1981—2019年）降水丰富（图2-3-6）。1993—2013年，年均降水量1 509.5mm，最大值为2 042.6mm（1999年），最小值为1 199.7mm（2000年）；1961年以来，日最大降水量为643.4mm（2012年董岭站），12小时最大降水量为468.1mm（2013年银坑站），6小时最大降水量为308.1mm（2013年天荒坪站），3小时最大降水量为226.5mm（1965年银坑站），1小时最大降水量为105.2mm（1991年老石坎水库站）。最大过程水量1054mm（2013年10月5—8日天荒坪站）。2000—2013年安吉县各雨量站极值资料统计见表2-3-4，平均降水量等值线见图2-3-7。县境内主要形成2个降雨中心，分别为章里—冰坑、银坑，主要分布在安吉县南部天荒坪镇、章村镇和报福镇。

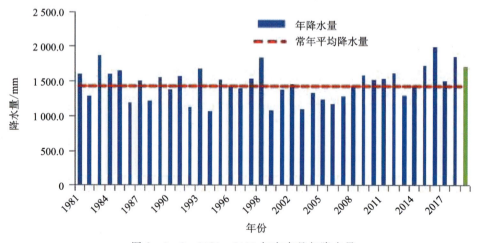

图2-3-6　1981—2019年安吉县年降水量

根据安吉县气象部门2017—2019年各年度任意日时段累计降水量统计资料绘制降水量分布图（图2-3-8～图2-3-10），图中显示，安吉县降水中心主要位于南部深溪—天荒坪一带，在北部地区降水相对较少。

第二章 生态地质背景条件

表2-3-4 安吉县不同年份各雨量站资料降水量统计表

单位：mm

雨量站名	所在乡镇	2000	2001	2002	2003	2004	2005	2006	2007	2008	2009	2010	2011	2012	2013	平均值
（景溪）董岭站	上墅乡	1 331.1	1 634.5	1 899.1	1 383.7	1 551.6	1 956.4	1 522.5	1 782.2	2 007.4	2 147.3	1 794.3	1 940.5	2 746.9	1 928.6	1 830.5
（南溪）马峰庵站	章村镇	1 347.7	1 607.6	1 815.6	1 348.2	1 535.2	1 718.0	1 500.7	1 612.0	1 975.3	2 062.8	1 789.4	1 730.8	2 436.7	1 674.0	1 725.3
（南溪）草里站	章村镇	1 058.2	1 566.8	1 584.0	1 372.8	1 253.4	1 484.3	1 174.3	1 657.5	1 741.6	1 758.5	1 717.2	1 830.7	1 744.3	1 588.9	1 538.0
（深溪）冰坑站	报福镇	停测	停测	1 589.7	1 402.6	1 523.3	1 853.5	1 604.7	1 834.8	2 135.2	2 010.4	1 866.3	1 869.7	2 285.0	1 942.5	1 826.5
（南溪）老石坎水库站	报福镇	1 233.7	1 437.4	1 667.5	1 265.6	1 262.6	1 383.5	1 196.9	1 533.9	1 523.9	1 751.3	1 508.7	1 626.6	1 701.2	1 535.3	1 743.3
（西溪）天锦堂站	杭垓镇	1 220.8	1 464.0	1 523.9	1 344.0	1 332.7	1 300.0	1 136.6	1 545.8	1 638.2	1 838.2	1 607.4	1 637.7	1 882.0	1 417.5	1 492.1
（西溪）文岱站	杭垓镇	1 382.9	1 655.5	1 559.3	1 296.1	1 457.7	1 480.0	1 241.5	1 377.3	1 567.9	1 654.5	1 778.1	1 494.8	1 667.0	1 414.3	1 501.9
（西溪）杭垓站	杭垓镇	1 097.4	1 511.1	1 472.6	1 209.9	1 203.6	1 317.6	1 112.6	1 561.0	1 450.3	1 576.7	1 501.7	1 596.0	1 658.4	1 365.8	1 402.5
（西溪）双合站	杭垓镇	1 135.4	1 407.7	1 382.8	1 089.8	1 123.1	1 192.7	1 067.6	1 433.2	1 344.3	1 489.4	1 573.6	1 413.2	1 551.0	1 330.4	1 323.9
（西溪）赋石水库站	孝丰镇	1 152.6	1 516.6	1 382.8	1 264.3	1 249.6	1 321.8	1 051.1	1 573.2	1 346.2	1 546.5	1 584.1	1 451.9	1 642.0	1 327.7	1 386.5
（南溪）孝丰站	孝丰镇	1 163.7	1 410.5	1 516.6	1 152.1	1 297.9	1 302.9	1 163.0	1 432.1	1 490.6	1 625.0	1 550.2	1 616.2	1 664.2	1 273.5	1 404.2
（浒溪）天荒坪站	天荒坪镇	1 529.5	1 699.2	1 813.4	1 390.0	1 401.7	1 674.8	1 406.9	1 577.2	1 995.1	1 888.9	1 689.9	1 792.7	2 257.9	1 735.3	1 703.7
（递铺溪）银坑站	昌硕街道	1 288.1	1 463.1	1 579.1	1 307.0	1 455.3	1 408.2	1 401.6	1 430.2	1 727.9	1 645.8	1 725.0	1 663.2	1 733.8	1 377.4	1 514.7
（递铺溪）李村站	递铺街道	1 059.1	1 376.6	1 435.2	1 040.2	1 304.6	1 190.5	1 270.2	1 302.6	1 424.6	1 641.3	1 574.0	1 481.5	1 640.3	—	1 364.7
（递铺溪）递铺站	递铺街道	1 040.9	1 253.6	1 480.4	1 023.7	1 258.3	1 306.0	1 177.0	1 295.8	1 432.1	1 445.2	1 486.5	1 237.5	1 575.4	1 249.3	1 304.4
（西苕溪）横塘村站	天子湖镇	1 254.8	1 403.4	1 517.7	1 175.7	1 167.5	1 194.8	1 149.4	1 338.5	1 499.0	1 504.1	1 494.9	1 267.1	1 553.8	1 160.5	1 334.4
（浑泥港）西苗站	天子湖镇	1 116.0	1 218.7	1 282.5	1 083.8	1 165.5	1 240.5	1 179.6	1 336.5	1 285.6	1 426.8	1 469.5	1 334.4	1 596.4	1 077.3	1 272.4
（浑泥港）天子岗站	梅溪镇	1 028.5	1 148.7	1 423.0	1 011.8	1 175.1	1 158.1	1 134.1	1 211.2	1 341.4	1 341.2	1 273.0	1 242.8	1 509.7	1 075.9	1 219.6
（西墅溪）梅溪站	梅溪镇	1 154.4	1 348.7	1 527.6	1 020.4	1 313.6	1 428.0	1 217.4	1 474.0	1 670.8	1 764.8	1 591.8	1 645.8	1 799.1	1 328.7	1 448.9
（递铺溪）凤凰水库站	递铺街道	—	—	—	—	—	—	—	—	1 599.0	1 609.0	1 528.5	1 648.0	1 681.8	未测	1 613.3
（沙河）大河口水库站	鄣吴镇	—	—	—	—	—	—	—	—	—	—	—	1 503.5	1 661.6	未测	1 582.6
各雨量站年平均值		1 199.7	1 451.4	1 550.2	1 220.1	1 317.5	1 416.4	1 247.8	1 489.9	1 609.8	1 686.3	1 605.2	1 572.6	1 809.0	1 433.5	1 472.1
安吉县面雨量		1 000.8	1 322.2	1 500.4	1 188.3	1 286.5	1 381.7	1 240.5	1 464.7	1 591.2	1 663.8	1 586.1	1 551.0	1 797.5	1 406.1	1 297.7

37

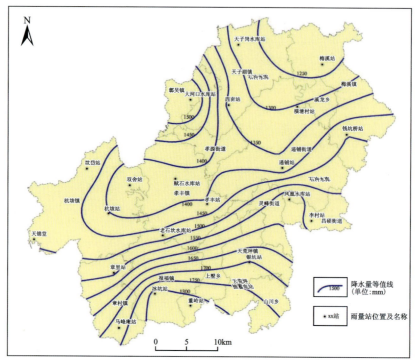

图 2-3-7　安吉县多年(2000—2013 年)平均降水量等值线图

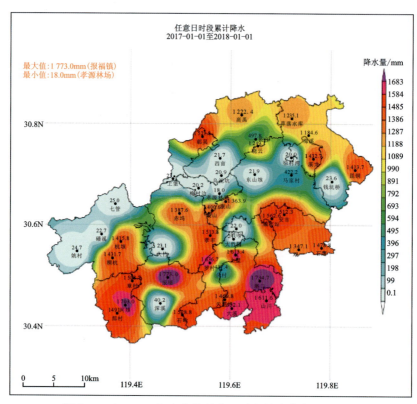

图 2-3-8　2017 年安吉县任意日时段累计降水量分布图

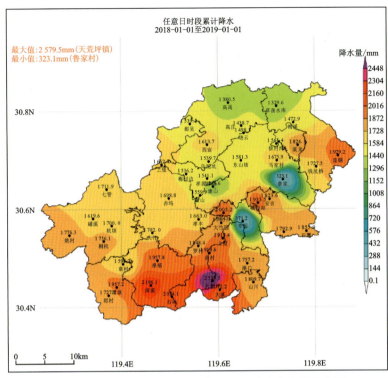

图 2-3-9 2018年安吉县任意日时段累计降水量分布图

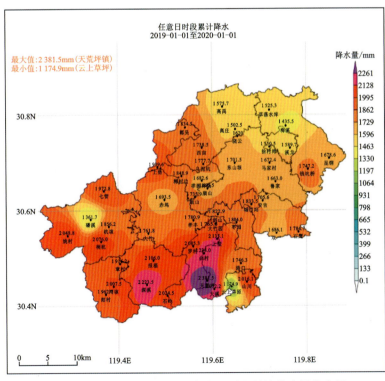

图 2-3-10 2019年安吉县任意日时段累计降水量分布图

第四节 生物圈

一、植被特征

据安吉县林业植被区划相关资料，安吉县属亚热带东部常绿阔叶林亚区，中亚热带常绿阔叶林北部亚地带。由于植被类型和植物区系复杂，按森林植被划分，安吉县可分为针叶林植被、阔叶林植被、灌丛植被、草丛植被、沼泽及水生植被、园林植被共6个植被类型和40个植被群系。

安吉县植被的垂直分布具有明显的层次性。海拔50m以下河谷平原、低丘缓坡以农作物为主，河滩有较多的小杂竹林，主要农作物有稻、麦、茶、桑等；海拔50～500m丘陵山地植被为常绿、落叶阔叶林、毛竹及小竹林，主要树种有青冈、苦槠、甜槠、木荷、紫楠、毛竹、杉木、马尾松、油桐、板栗、麻栎、枫香、红竹等；海拔500～800m低山植被为常绿、落叶阔叶林、针叶林、毛竹林，主要树种有青冈、木荷、枳椇、檫木、马尾松、杉、毛竹、枫香等，在石灰岩地区广泛分布山核桃、柏木等；海拔800m以上山地主要有黄山松、柳杉、槭树、化香、椴、桦木和茅栗等林木；海拔1200m以上只有山顶矮林灌木丛和山地草甸。

安吉县野生植物资源丰富。据境内自然保护区动植物资源科考资料，安吉县野生植物有156科684属1478种。其中，蕨类植物27科61属130种；裸子植物6科9属12种；被子植物123科614属1336种。安吉县保存着银缕梅、南方红豆、花榈木、香果树、银杏等一批国家重点保护植物及珍稀濒危植物108种，隶属41科82属，包括蕨类植物1科1属1种，裸子植物3科5属6种，被子植物37科76属101种。其中，国家重点保护植物17种，省级保护植物37种。

二、动物特征

根据2018—2021年安吉县野生动物资源本底调查资料，安吉县境内共记录原生野生脊椎动物471种，隶属37目124科，占浙江省野生动物总种数的48%，包括鱼类7目17科74种，两栖类2目9科27种，爬行类2目14科47种，鸟类分属18目63科256种，兽类8目21科67种。其中，国家一级保护动物11种，国家二级保护动物59种。中国生物多样性红色名录濒危等级易危(VU)以上物种42种，世界自然保护联盟(IUCN)红色名录濒危等级易危(VU)及以上物种24种。

1. 兽类物种多样性

安吉县共记录野生兽类动物 67 种,分属 8 目 21 科,占浙江省兽类总种数的 58.3%。其中,啮齿目 5 科 19 种,占比为 28.3%;兔形目 1 科 1 种,占比为 1.5%;劳亚食虫目 2 科 5 种,占比为 7.5%;食肉目 5 科 17 种,占比为 25.4%;灵长目 1 科 1 种,占比为 1.5%;偶蹄目 3 科 7 种,占比为 10.4%;鳞甲目 1 科 1 种,占比为 1.5%;翼手目 3 科 16 种,占比为 23.9%。

安吉县珍稀濒危及保护兽类动物资源丰富。根据《国家重点保护野生动物名录》(2021)、《中国生物多样性红色名录-脊椎动物》(2016)、《浙江省重点保护陆生野生动物名录》(2017)等统计资料,安吉有珍稀濒危及保护动物 22 种。其中,国家一级保护野生动物 7 种,分别为穿山甲、豺(野外灭绝)、小灵猫、云豹(野外灭绝)、金钱豹(野外灭绝)、梅花鹿、黑麂;国家二级保护野生动物 10 种,分别为猕猴、狼(野外灭绝)、赤狐、貉、水獭、黄喉貂、豹猫、毛冠鹿、中华鬣羚、中华斑羚;浙江省重点保护野生动物 5 种,分别为中国豪猪、黄腹鼬、黄鼬、果子狸、食蟹獴。

安吉县兽类资源量以小麂、白腹巨鼠、华南兔、野猪、鼬獾、针毛鼠、赤腹松鼠等种类较多;猪獾、果子狸、东北刺猬、青毛巨鼠、珀氏长吻松鼠等次之;梅花鹿、黑麂、猕猴、中华鬣羚、中华斑羚、狗獾、豹猫、豪猪、黄腹鼬、黄鼬等物种较少。

安吉县有 67 种兽类,在动物地理区划上属于东洋界的种类有 48 种,占比为 71.6%,主要代表有黑麂、中华鬣羚、小麂、华南兔、赤腹松鼠、青毛巨鼠、白腹巨鼠、中国豪猪、猪獾、小菊头蝠、东亚伏翼、大蹄蝠等;古北界种类 18 种,占比为 26.9%,主要代表有梅花鹿、野猪、黑线姬鼠、山东小麝鼩、狗獾、黄鼬、中华山蝠、华南水鼠耳蝠等;另有 1 种其他种类,占比为为 1.5%。东洋界种类在兽类区系组成中占绝对优势。啮齿目、食肉目及翼手目种类较多,表现出较为明显的山地特征。

2. 鸟类物种多样性

根据 2018—2021 年安吉县野外动物资源本底调查资料,并结合全国第二次陆生野生动物调查中的安吉县数据、历年浙江省水鸟同步调查中的安吉县数据,以及当地森林公安的救助记录和历史文献等资料,安吉县鸟类分布记录 256 种,隶属 18 目 63 科 161 属。其中,雀形目鸟类 36 科 143 种,占安吉县鸟类物种总数量的 55.86%;非雀形目鸟类共 17 目 27 科 113 种,占总数量的 44.14%。

非雀形目鸟类中以鸻形目最多,共 21 种;鹰形目次之,共 17 种;雁形目第三,共 12 种;鹳形目 10 种;鹃形目 8 种,鹤形目、鸮形目、啄木鸟目各 7 种;鸡形目、佛法僧目各 6 种;鸽形目 3 种;䴙䴘(䴙䴘目)、夜鹰目、隼形目各 2 种;鹲形目、鲣鸟目、犀鸟目各 1 种。

雀形目鸟类中以鹟科种类最多,共 23 种;鸫科次之,12 种;鹀科、鸦科各 9 种;噪鹛科、鹡鸰科各 8 种;柳莺科 7 种;鹎科、燕雀科各 6 种;伯劳科、树莺科各 4 种;山椒鸟科、卷尾科、燕科、莺鹛科、林鹛科、椋鸟科各 3 种;王鹟科、山雀科、百灵科、扇尾莺科、蝗莺科、长尾山雀科、绣眼科、太平鸟科、梅花雀科、雀科各 2 种;黄鹂科、莺雀科、苇莺科、鳞胸鹪鹛科、幽鹛科、鸭科、河乌科、丽星鹩鹛科、叶鹎科各 1 种。

3. 爬行类物种多样性

安吉县域调查共记录爬行类物种47种,分属2目14科38属。其中,龟鳖目鳖科1属1种,平胸龟科1属1种,地龟科2属2种;有鳞目壁虎科1属2种,石龙子科3属4种,蜥蜴科1属1种,钝头蛇科1属1种,蝰科5属5种,水蛇科2属2种,眼镜蛇科3属3种,钝头蛇科1属1种,水游蛇科7属9种,游蛇科9属14种,剑蛇科1属1种。有鳞目中游蛇科占安吉县爬行类物种数量的29.79%,是安吉县爬行类物种的主要组成部分。

4. 两栖类物种多样性

安吉县域调查共记录两栖类动物27种,隶属于2目9科19属,占浙江省两栖类动物总种数的55.1%(根据中国两栖类更新名录共计49种)。其中,有尾目2科4属4种;无尾目7科15属23种。27种两栖类物种中,蛙科物种是安吉县两栖类主要组成部分,占安吉县两栖类动物总种数的44.45%。

5. 鱼类物种多样性

安吉县天然水域记录鱼类82种。其中,土著鱼类74种,分属7目17科51属;外来引入鱼类8种,包括境内引入3种,境外引入5种。

鲤形目鱼类为最优势类群,共53种,超过其他鱼类种数总和;鲈形目次之,共9种;鲇形目第三,共6种;颌针鱼目与合鳃鱼目各2种;鳗鲡目与鲱形目各1种。

鲤形目鱼类中以鲤科种类最多,共47种;花鳅科次之,共4种;爬鳅科仅1种。

第五节 大气圈

一、负氧离子特征

空气负氧离子具有杀菌、降尘、清洁空气的功效,负氧离子浓度高的地方能够有效地吸附$PM_{2.5}$等空气微粒。本书以安吉县2017年1月—2019年6月大气负氧离子为研究对象,对不同地点、不同时间负氧离子浓度等级进行划分,从时间上、空间上分析负氧离子变化规律与空间分布特征,结合安吉县森林植被分布,分析生物圈植被覆盖率对大气圈负氧离子浓度的影响与制约。

(一)负氧离子随时间变化特征

2017—2019年,安吉县负氧离子浓度横跨6个等级,各个年度均以对健康极有利的6级所占比例最高(表2-5-1)。2017年、2018年安吉县负氧离子空气环境质量好,没有出现对健康不利的负氧离子低浓度时段。2019年,递铺街道城市生活区出现了3个负氧离子浓度等级为1级的月份(该等级不利于身体健康),浓度等级为2级的月份也有所增加(达到11个月),总体反映了城市生活区植被覆盖率低、大气负氧离子浓度低的特征。

表2-5-1 安吉县2017—2019年大气负氧离子浓度等级统计表

负氧离子浓度	等级	2017年 (84个月)		2018年 (144个月)		2019年 (102个月)		与健康的关系
		月数/个	比例/%	月数/个	比例/%	月数/个	比例/%	
≤500个/cm³	1级	0	0	0	0	3	3	易诱发各种疾病、生理障碍(不利)
500~900个/cm³	2级	6	7	10	7	11	11	维持人体健康基本要求(正常)
900~1200个/cm³	3级	9	11	4	3	1	1	增强人体免疫力、抗菌力(有利)
1200~1800个/cm³	4级	13	16	16	11	5	5	杀灭、减少疾病传染(相当有利)
1800~2100个/cm³	5级	2	2	5	3	1	1	具有自然痊愈力(很有利)
≥2100个/cm³	6级	54	64	109	76	81	79	具有治疗和康复功效(极有利)

1. 安吉县南部

据安吉县南部龙王山自然保护区两个监测点负氧离子浓度监测资料,除2018年5月龙王山庄监测点负氧离子浓度为1984个·cm³(小于2100个·cm³,等级为5级)外,其余月份浓度均大于2100个·cm³,属于6级,说明龙王山自然保护区常年负氧离子浓度等级高,对健康极为有利,同时也反映了负氧离子的形成与该地区植被覆盖率高有关。负氧离子变化曲线图(图2-5-1)显示,夏季(7—8月)负氧离子浓度较高,春冬两季过渡时期(11月—1月)负氧离子浓度较低,可能与夏季光照时间长,植被光合作用有利于负氧离子形成有关。

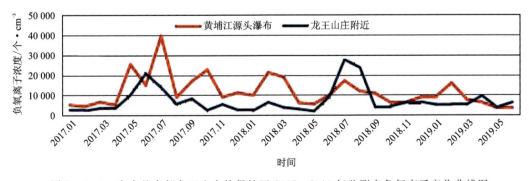

图2-5-1 安吉县南部龙王山自然保护区2017—2019年监测点负氧离子变化曲线图

据安吉县南部天荒坪镇长谷洞天监测点负氧离子浓度监测资料,该区域常年负氧离子浓度高,最低值31 248个·cm³也远远大于负氧离子最高等级(6级)的数值(2100个·cm³)。

2017年浓度数值变化较大,在31 248～59 448个·cm³之间变化。在2017年10月到2019年5月长达20个月的时间内,负氧离子浓度变化较小,数值在45 640～48 115个·cm³之间变化,变化规律呈一条近水平的直线(图2-5-2)。上述特征说明,长谷洞天负氧离子浓度高与植被覆盖率高、湿度大(水库、瀑布)有关;同时,该地段为安吉县负氧离子最高的区域,且常年稳定,对健康极为有利。

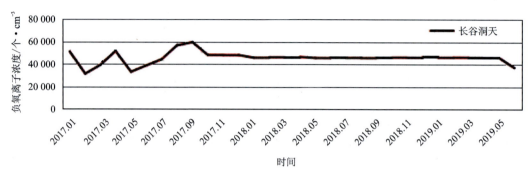

图2-5-2　安吉县南部天荒坪镇长谷洞天2017—2019年监测点负氧离子变化曲线图

2. 安吉县中部

对安吉县中部递铺街道3个监测点负氧离子浓度变化趋势(图2-5-3)进行分析,结果表明,城市生活区负氧离子浓度随季节变化明显,呈现夏季浓度高(7—9月),春冬两季过渡时期(12—次年2月)浓度低的特征,可能与夏季光照时间长,植被光合作用有利于负氧离子形成有关。从浓度等级为1级不利身体健康出现月份观察,递铺街道呈现从无到有且逐渐增多的趋势(2017年无;2018年无,但有1个月接近临界值;2019年有3个月),反映了城市生活区空气环境质量向不利身体健康发展的趋势,需引起关注。

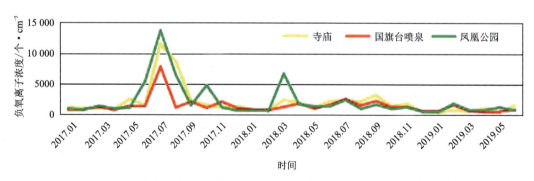

图2-5-3　安吉县中部递铺街道2017—2019年监测点负氧离子变化曲线图

(二)负氧离子空间分布与变化特征

根据安吉县2018年1月和6月、2019年1月和6月负氧离子浓度空间分布图(图2-5-4),安吉县负氧离子浓度总体呈现城区中心浓度低、四周山地丘陵区浓度高、向北东开口的"畚箕形"分布的特征,与安吉县地形地貌、植被覆盖率特征一致,说明负氧离子形成与植被覆盖率成正比,植被覆盖率高,负氧离子浓度高;反之,植被覆盖率低,负氧离子浓度低。同时,植被覆盖率高、面积大,且水系发育的区域,负氧离子浓度也较高。上述特征说明,生物圈和水圈与大气圈关系密切,生物圈植被分布与水圈地表水的出露会影响大气圈的空气质量。

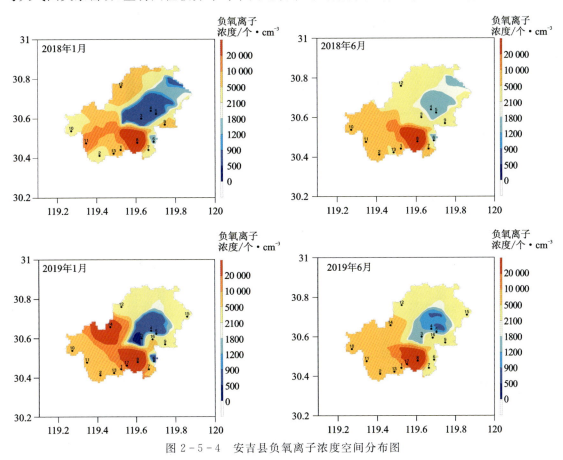

图 2-5-4 安吉县负氧离子浓度空间分布图

二、酸雨特征

(一)2017—2019 年安吉县酸雨变化特征

酸雨污染是浙江地区重要的环境问题,浙北地区是浙江省酸雨污染较重的区域之一。本书通过对 2017—2019 年安吉县酸雨监测站获得的酸雨观测数据以及部分降水化学组分数据,分析了安吉县酸雨污染随时间的变化特征及其成因。

1. 安吉县月均降水 pH 变化特征

2017—2019 年安吉县月均降水 pH 变化趋势见图 2-5-5~图 2-5-7 和表 2-5-2。从图和表中可知,安吉县总体呈现酸雨月份多、非酸雨月份少的特征。其中,年度酸雨月份呈现先增加再降低(2017年9个月,2018年12个月,2019年7个月)、强酸雨月逐年减少的趋势(2017年2个月,2018年1个月,2019年无强酸雨),总体反映了大气质量先变差再逐渐转好的特征。强酸雨月份主要出现在冬季,非酸雨月份出现在夏季。

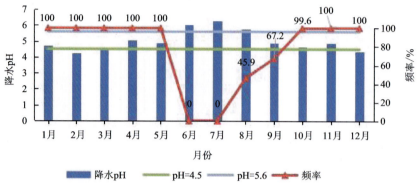

图 2-5-5　2017年安吉县月均降水 pH 变化趋势

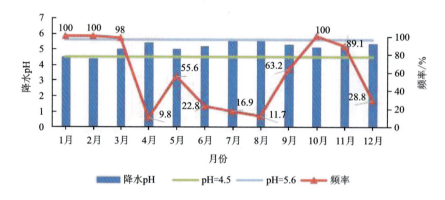

图 2-5-6　2018年安吉县月均降水 pH 变化趋势

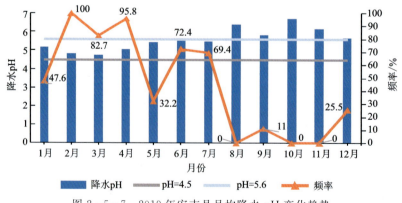

图 2-5-7　2019年安吉县月均降水 pH 变化趋势

表 2-5-2　2017—2019 年安吉县月均 pH 与酸雨发生率数据表

月份	2017年		2018年		2019年	
	降水 pH	酸雨发生率/%	降水 pH	酸雨发生率/%	降水 pH	酸雨发生率/%
1月	4.73	100	4.51	100	5.19	75
2月	4.27	100	4.42	100	4.84	100
3月	4.58	100	5.03	91	4.76	78.6
4月	5.08	100	5.43	56	5.04	81.8
5月	4.89	100	5.03	76.5	5.43	90
6月	6.07	0	5.24	66.7	5.53	81.8
7月	6.3	0	5.54	50	5.48	72.7
8月	5.76	13.3	5.56	50	6.41	0
9月	4.91	81.2	5.31	75	5.83	62.5
10月	4.65	77.8	5.16	100	6.71	0
11月	4.89	100	5.19	83.3	6.16	0
12月	4.4	100	5.36	70	5.65	36.4

2. 安吉县酸雨发生率

表 2-5-2 为 2017—2019 年安吉县月均 pH 与酸雨频率数据表，分析此表可以得出以下结论。

2017年，安吉县月均酸雨发生率大于 70% 的有 9 个月，其中 1—5 月和 11—12 月共计 7 个月的酸雨发生率为 100%；有 3 个月没有出现酸雨，其中 6—7 月的酸雨发生率为零；8 月的酸雨发生率为 13.3%。

2018年，安吉县月均酸雨发生率大于 70% 的有 8 个月，其中 1 月、2 月、10 月酸雨发生率为 100%，7—8 月酸雨发生率为 50%。

2019年，安吉县月均酸雨发生率大于 70% 的有 7 个月，其中 2 月酸雨发生率为 100%；有 5 个月没有出现酸雨，其中 8 月、10 月、11 月酸雨发生率为零。

2017—2019 年安吉县月均酸雨发生率大于 70% 月份呈现逐渐减少趋势；月均酸雨发生率为 100% 的月份数量从 2017 年 7 个月降到 2018 年 3 个月再到 2019 年 1 个月也出现减少的趋势，其中，每年 2 月的酸雨发生率为 100%；夏秋两季酸雨发生率较低，2017 年 6—7 月，以及 2019 年 8 月、10 月、11 月酸雨发生率为零。

综上所述，2017—2019 年安吉县酸雨发生率呈现逐渐减少的趋势，春季 1—2 月酸雨发生率高、等级强，夏季酸雨发生率较低、等级弱。

3. 酸雨类型变化趋势

2019 年安吉县月平均降雨中，硫酸根（SO_4^{2-}）浓度总体呈现 1—9 月低、10—12 月高的特征(图2-5-8),其中,最低为6月的0.734mg/L,最高为9月的12.9mg/L,次高出现在12月,为6.32mg/L。硝酸根(NO_3^-)浓度也呈现1—9月低、10—12月高的特征。其中,最低为8月的0.182mg/L,最高为12月的8.13mg/L。

根据硫酸根(SO_4^{2-})和硝酸根(NO_3^-)的质量浓度比值,酸雨可划分为3种类型:①硫酸型或燃煤型(硫酸根/硝酸根)>3;②混合型,0.5<(硫酸根/硝酸根)<3;③硝酸型或燃油型,(硫酸根/硝酸根)≤0.5。安吉县1—7月为出现酸雨的月份,从图2-5-8可知,1月、2月和4月为硫酸、硝酸混合型酸雨,3月、5—7月为硫酸型酸雨。

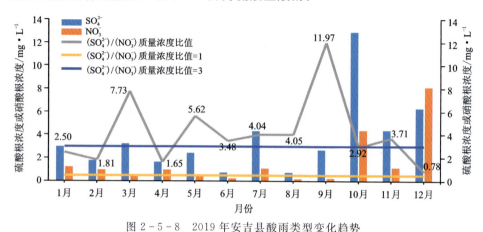

图2-5-8 2019年安吉县酸雨类型变化趋势

(二)酸雨研究现状、成因与类型

1. 酸雨研究现状

酸雨是伴随着工业化、现代化过程出现的一种复杂的大气化学和大气物理现象[29]。酸雨是指pH低于5.6的降水(湿沉降),包括雨、雪、雾、霜等[30]。一般认为,pH≥5.6的降水为非酸性降水,5.6<pH≤4.5的降水为弱酸性降水或弱酸雨,pH<4.5的降水为强酸性降水或强酸雨[31]。

关于酸雨的研究可追溯到19世纪40年代,英国化学家罗伯特·史密斯在英格兰对酸沉降现象进行最初的科学调查[32],并于1872年提出"酸雨"这一术语[33]。20世纪50年代后期,酸雨研究首先在欧洲被发现,之后它的研究范围不断扩大。据1982年酸雨普查资料,我国酸雨覆盖国土面积的40%左右,成为普遍性的污染问题[34-35]。2004年,汪家权等[36]在总结我国酸雨研究进展中指出,我国酸雨区主要位于长江以南,以西南、华南地区较为突出,同时酸雨面积近年来大幅度扩大,降水的酸性不断升高;我国酸雨中SO_4^{2-}和NO_3^-是酸性的主要贡献者,(SO_4^{2-})/(NO_3^-)当量比一般在5~10之间,说明我国酸雨属硫酸型酸雨。2012年,冯颖竹等[29]研究发现,中国南方部分地区降水的(SO_4^{2-})/(NO_3^-)当量比在逐步降低,大气环境表现出我国能源使用类型由燃煤型向燃油型转变的趋势。2015年,王子璐和王祖伟[37]研究表明,2004—2013年我国东部地区酸雨发生频率高、pH低,酸雨类型为硫酸、硝酸混合型;我国东部地区酸雨有加重的趋势,酸雨仍旧是东部地区的重要环境问题。

牛彧文等[38]在开展1992—2012年浙江省酸雨研究中指出,浙江省酸雨污染较重的区域主要分布在浙北、浙中和东部沿海等经济发达地区,经济相对落后的浙西南地区酸雨污染较轻,酸雨污染与地区经济发展密切相关,控制本地污染排放对于防治和减轻当地酸雨污染具有重要意义。

朱培新[39]研究安吉县酸雨分布特征时发现,安吉县地处浙江省北部以杭州为中心的酸雨中心区,酸雨率高,降水酸度也较强,1990—1994年期间降水pH年平均值稳定在4.50左右。降水中化学离子浓度分析表明,影响降水pH的主要化学离子为SO_4^{2-},表现为燃煤型污染;降水pH呈现城镇<丘陵<山区,表明人为活动所产生的大气污染对降水pH仍有一定的影响。

2. 酸雨成因

王文兴等[40-43]经过多年研究发现,严重的降水酸化现象是局地污染与中、长距离输送叠加的结果,中国酸雨的形成是诸多自然和人为因素作用综合导致的。燃烧过程中排放的硫氧化物和氮氧化物愈来愈多,酸性物质排放到大气中使大气水汽酸化,随雨雪等从大气层降落到地球表面形成酸性降水[44]。同时,较高的温湿度、较强的太阳辐射有利于酸性前体物SO_4^{2-}、NO_3^-向硫酸盐、硝酸盐转化,增加酸雨形成的概率[45]。中国长江以南土壤呈酸性,大气颗粒物酸化缓冲能力小,气温高,湿度大,并有一定的前体物排放强度,这些因素都有助于降水酸化,因此中国南方出现了区域性严重酸雨[45-48]。与此同时,南方重污染城市的酸性降水主要来源于城市高浓度大气污染物的局地冲刷;广阔区域和清洁地区的酸性降水则主要来源于大气污染物的中、长距离传输[48];东南沿海地区的酸性排放物冬春季可能受到朝鲜半岛和日本的影响[43]。徐康富[49]研究认为,百米高度内的近地层对降水酸度主要起中和作用。朱培新[39]研究发现,安吉县1990—1994年降水中化学离子的浓度在近地处的吸收较小;而总悬浮颗粒(TSP)中碱性物质较少,明显低于杭州市和浙江省平均值,使得降水酸度在近地层中和作用大大减弱。安吉县工业较落后,SO_2排放强度约$5.64t/(km^2 \cdot a)$,远低于杭州市的$17.55t/(km^2 \cdot a)$、湖州市的$6.52t/(km^2 \cdot a)$。因此,安吉县降水酸度主要与大气污染物远距离输送有关。

安吉县地处浙江北部,冬季向北开口的"畚箕形"地貌使得大气扩散条件差。同时由于取暖导致的污染物排放增加,中国北方地区的大气污染较重,在东北风的作用下,北方污染较重地区的SO_2等酸性污染物的长距离输送在一定程度上也会加重浙江省的酸雨污染[39],安吉县也受其影响,在2017—2019年冬季出现强酸雨。夏季影响浙江地区的气团主要为东南海洋气团,对安吉县酸雨污染起到一定的缓解作用,因此2017—2019年安吉县非酸雨主要出现在夏季。

3. 酸雨强度与类型

朱培新[39]对安吉县1990—1994年间酸雨进行研究发现,安吉县降水pH年均值稳定在4.50左右,说明该时期酸雨强度大,主体为强酸雨;影响安吉县降水pH的主要化学离子为SO_4^{2-},表现为燃煤型污染,即硫酸型酸雨。本书对安吉县2017—2019年酸雨强度进行了分析,研究发现安吉3年间降水pH总体偏大,主体在弱酸雨与非酸雨之间;2019年出现酸雨的7个月中,4个月为硫酸型酸雨,3个月为硫酸、硝酸混合型酸雨。通过前后约25年的时间对比可知，安吉县酸雨强度逐渐减弱，是国家调整能源结构，控制、减少燃煤 SO_2 排放量的结果；随着安吉县城市化的快速发展，机动车数量的快速增加，来自机动车尾气排放等产生的 NO_3^- 不断提高了降水的酸化程度，使得安吉县酸雨类型从硫酸型向硫酸、硝酸混合型转变。因此，控制机动车污染对改善安吉的酸雨污染很有意义。

三、气温

安吉县年平均气温16.1℃（1981—2019年气候统计值），年平均气温差9.8℃。1960年以来，安吉气温呈上升趋势，暖季提前，适宜日数增加，冷季推迟，低温日数减少，寒冷日数和霜冻日数均呈减少趋势，减少幅度分别为每10年2.0d和5.3d，无霜期日数呈增加趋势，每10年增加5.3d。年气温适宜日数为131.2d，占全年的36%，即全年1/3以上为气温适宜天，一些年份多达150d，最多年达162d。人体舒适日数平均每年达177d，主要集中在4—6月和8—11月，舒适日数为156d，占到全年的88%；其中5月和10月舒适日数最多，均有29d，几乎全月舒适。气候度假指数达到适宜以上的月数多达9个月，气候旅游指数达到较适宜以上的月数也达9个月。

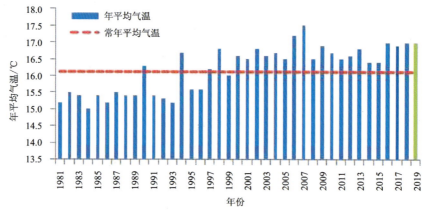

图2-5-9　1981—2019年安吉县年平均气温

第六节　多圈层相互作用与影响

一、成土母岩对土壤的影响

在一定的气候、地形和生物作用条件下，成土母岩的岩性、矿物成分、结构构造、地球化学特征等对土壤结构、质地、pH、营养元素、土壤厚度有着明显的影响和制约。根据 2005 年开展的"浙江省农业地质环境调查"项目成果,安吉县成土母岩对土壤的影响集中表现在以下 4 个方面。

(1)在化学成分上,母岩对土壤影响极大。土壤中营养元素分大量、中量、微量 3 种,除大量营养元素 N、P、K 受大气和人类活动影响变化较大外,其余元素主要来自母岩。这些元素常常通过其含量、形态反映成土母质的特点和母岩的岩石类型。一是母岩中矿物成分及含量不同,由其风化产物形成的土壤中常量元素、微量元素差异较大。例如橄榄石是高温高压矿物,在常温常压下极易风化,其风化产物中常量元素以 Mg、Fe、Si 为主,微量元素以 Ni、Co、Mn、Li、Zn、Cu、Mo 为主;斜长石风化产物中常量元素以 Ca、Al、Si 为主,微量元素以 Sr、Cu、Ga、Mo 为主;石英是中低温矿物,在常温常压下极为稳定,其风化产物仅有常量元素 Si。二是即使经过强烈的淋溶作用且成土历史久远,母岩的理化特征仍能顽强地保留在土壤中。如玄武质砖红壤中 Fe_2O_3、Al_2O_3、FeO、TiO_2、MnO、P_2O_5 以及黏粒成分仍然较高,SiO_2、K_2O、Na_2O 含量依然较低;而花岗质砖红壤中 SiO_2、K_2O、Na_2O 含量亦较高,Al_2O_3、Fe_2O_3、TiO_2、P_2O_5 及黏粒成分含量也较低。

(2)成土母岩的矿物组成和理化性状不同,成土速度和成土方向也不同。例如酸性的花岗岩中抗风化能力较强的石英、钾长石、白云母等浅色矿物含量高,颗粒大,形成的土壤质地较轻,盐基成分极易淋失,营养元素相对贫乏,土壤呈酸性;而基性的玄武岩、辉绿岩因不含石英,且辉石、角闪石、黑云母等暗色矿物颗粒小、含量高,所形成的土壤质地黏重,盐基成分易保存,营养元素相对丰富。

(3)成土母质的沉积结构也影响土壤的发育和形态特征。例如砂黏间层的土壤易在砂层之下、黏层之上形成滞水层。如果成土母质沉积结构单一,则使所形成的土壤通透性差或持水性差。

(4)据土壤磁学研究,土壤的磁性受母岩种类影响极深,尤其是红壤的磁化率(κ)与母岩磁性矿物的含量有着良好的相关性。例如基性玄武岩地区发育的红壤磁化率(κ)、剩余磁化强度(J_r)均较高,而酸性花岗岩地区发育的红壤 κ、J_r 均较低等。

二、成土母质的成土特征

根据 2005 年开展的"浙江省农业地质环境调查"项目成果,本书对安吉县成土母质的成土特征进行了归纳叙述。

1. 碎屑岩类风化物

碎屑岩类风化物指元古宙、古生代沉积碎屑岩和中生代杂色沉积岩所形成的各类风化残积物。根据成土特征划,碎屑岩类风化物分为泥页岩类风化物、砂(砾)岩类风化物、砂泥互层类风化物、石英砂岩类风化物、硅质岩类风化物 5 种类型。

泥页岩类风化物:形成的土体厚度一般为 50~100cm,土壤剖面发育不好,呈灰黄色,粒状结构,含较多半风化页岩碎片,细土质地较黏,以壤黏土为主,酸性—微酸性。矿物组成以伊利石、高岭石和蒙脱石等黏土矿物为主,其次为碎屑矿物(石英、长石、云母等)。盐基饱和度低,表层土壤有机质含量中等偏上,水土流失严重,时常出现危害极大的滑坡和泥石流。

砂(砾)岩类风化物:形成的土体较浅薄,土壤剖面发育不好,下部含较多碎石,呈浅棕黄色,质地较轻,一般形成砂质壤土—砂质黏壤土,土质疏松,通透性好,酸性—微酸性。矿物组成以石英为主,少量钾长石,次生矿物有伊利石和高岭石。

砂泥互层类风化物:形成的土体较厚,呈灰黄色,质地适中,以壤质黏土为主,酸性—微酸性。

石英砂岩类风化物:形成的土体浅薄,地形平缓处厚度可达60~80cm。土壤剖面发育不好,底部含较多砾石,灰黄色,质地较轻,为壤土—壤质砂土,砂粒与砾石含量可达50%以上,通气、透水性良好,但保蓄、结持性较差,酸性。矿物组成以石英为主,少量高岭石和伊利石。土壤具有含硅量较高、少钙、含钾中等、质地轻松的特点,特别适于茶树的生长,浙江省名茶杭州狮峰龙井、长兴顾渚紫笋和淳安千岛玉叶均产于该母质发育的土壤上。

硅质岩类风化物:形成的土层浅薄(厚度小于50cm),多形成粗骨土。土壤剖面发育不好,底部含大量砾石,呈棕黄色,质地偏轻,以砂壤土为主,因母岩中常含较多黄铁矿致使土壤呈强酸性。矿物组成以隐晶质石英为主,少量钾长石、斜长石,次生矿物有伊利石、蒙脱石和高岭石。磷、有机质等养分较丰富,但速效养分含量不足,植物立地背景差,农业利用意义不大。

2. 碳酸盐岩类风化物

安吉县碳酸盐岩类风化物主要出露于南部杭垓镇、天荒坪镇、上墅乡等地。据岩石的矿物成分、化学性质,碳酸盐岩类风化物划分为白云岩类风化物、泥质灰岩类风化物和灰岩类风化物。

白云岩类风化物:形成的土层浅薄,剖面层次分化发育差,土壤与基岩的接触界线清晰可辨。棕色、红棕色,夹有中量岩石碎片,细土质地为壤质黏土—黏土,微酸性—微碱性,上、下层pH变幅较小。黏土矿物以伊利石、蛭石、水云母为主,稳固性结构非常发育,具有较好的储气、蓄水、保肥的功能。盐基过饱和,富镁、钙等营养元素。土壤侵蚀严重,水源短缺,植被稀少,一般不适宜农垦种植,也不利于松、杉、茶、竹等喜酸植物的生长,适于喜钙经济林果的生长,应以造林建园为主。

泥质灰岩类风化物:形成的土体浅薄,土壤剖面几乎未见分化,由于富含泥质夹层,风化过程不全为化学风化,母岩与土层之间多有一半风化过渡层。土壤呈亮棕色,含大量非石灰性岩石(泥页岩)碎片,砾石含量可达25%以上,但细土部分质地仍较黏重,多为黏土或壤质黏土。土壤一般呈中性反应,盐基饱和,钙、镁、磷、钾等养分较丰富。由于砾石含量较高,通透性好,保水性差,易被侵蚀。该类土壤适种性较广,但不利于松、杉、茶、竹等喜酸植物的生长,适于喜钙、镁经济林果(柏、栎、柑橘、枇杷、银杏、柿)的生长,名优特产有山核桃、山茱萸等。

灰岩类风化物:成土具有向两极分化的趋势。其一,大多形成石灰岩土中的油黄泥,土层较早古生代泥质灰岩类薄,土壤和母岩层间呈截然过渡,缺乏半风化过渡层,呈褐红色、黄棕色,质地黏重,为黏土或壤质黏土,岩石碎片含量少,中性—微碱性。其二,部分成土环境稳定地段发育成红壤化明显的油红泥,土体较深厚,一般厚度在1m以上,呈红棕色,质地黏重,多为壤质黏土,核粒状、柱状结构较明显,微团聚体发育,表、心土层无石灰性反应,盐基饱和,矿质养分丰富,适于喜钙经济果林枇杷、板栗、柿、枣、棕榈的生长。

3. 紫色碎屑岩类风化物

紫色碎屑岩类指分布于中生代陆相盆地内的紫(红)色沉积岩,其岩性脆弱,风化速率快,易侵蚀,成土显初育性。据地球化学特征与岩石结构,紫色碎屑岩类风化物分为石灰性紫泥岩类风化物、石灰性紫砂岩类风化物、非石灰性紫泥岩类风化物和非石灰性紫砂岩类风化物,其中石灰性和非石灰性的划分依据借鉴了第二次全国土壤普查中对石灰性紫色土和酸性紫色土的划分方案。

石灰性紫砂岩类风化物:形成的土体浅薄,厚10~100cm,剖面分化差,呈暗紫色或紫色,质地较轻,壤质砂土至黏壤土,以砂质黏壤土为主,底土层石灰性反应明显,向上过渡为中性至微酸性。矿物组成以石英、钾长石为主,含少量斜长石、方解石、白云石,次生矿物有伊利石、蒙脱石、高岭石、赤铁矿等。盐基饱和,钙、镁、磷、钾、锌等矿质养分较丰富。土壤吸热性能强,释热快,昼夜温差大,通透性好,耕作轻松,适宜多种经济作物生长,利用以耕地和园地为主。小麦、大豆、甘薯、柑橘等高产质优,是浙江省的糖蔗基地,因富含钙质,不宜种茶。该类风化物缺点为:土层薄,保蓄性能差,有机质不易积累,结持性差,易冲刷,易受旱。

非石灰性紫砂岩类风化物:形成的土体厚度不足1m,剖面分化不明显,呈浅灰紫色—浅灰色,质地较轻,一般形成砂质壤土至黏壤土,含较多(一般为10%~20%)砾石和砂粒,酸性至微酸性。矿物组成以石英、钾长石为主,含少量斜长石、伊利石、赤铁矿、高岭石等。土壤养分较贫瘠,含砂量高,结构松散,面蚀和沟蚀严重。植被以疏林为主,坡麓土体较厚处,适宜雪梨、奉化水蜜桃生长,不宜种杉木。

4. 花岗岩类风化物

花岗岩类风化物零星散布于安吉县各地,指其主体部分为酸性、中酸性的岩类。花岗岩类风化物据主要组成矿物颗粒粗细分为中粗粒花岗岩类风化物和细粒花岗岩类风化物,以矿物粒径2mm为界。

中粗粒花岗岩类风化物:形成的土体深厚,剖面分化明显,橙色,质地较轻,黏壤土—壤质黏土,石英砂含量高,并常伴有较多砾石,酸性—微酸性。矿物组成以石英、钾长石为主,含少量高岭石、伊利石和三水铝石。土壤疏松,通透性好,黏结性较脆弱,耕作轻松,钾素储量水平较高,少盐基。该类土壤适种性较广,宜栽种茶、桃、柑橘、杨梅、杉林、毛竹等,结持性差,保肥、保水性能差,易受暴雨冲刷而形成片蚀、沟蚀和崩塌。

细粒花岗岩类风化物:形成的土体及半风化层厚度介于酸性火山岩类与中粗粒花岗岩类之间,质地较后者偏黏,以砂质黏壤土—黏壤土为主,石英砂含量较高,土壤侵蚀程度相对较轻。

5. 火山岩类风化物

火山岩类风化物以酸性火山岩类风化物和中酸性火山岩类风化物为主,据岩石的地球化学特征和结构构造划分为酸性火山岩类风化物、中酸性火山岩类风化物、富晶屑凝灰岩类风化物、中性岩类风化物和基性岩类风化物 5 类,"酸性""中酸性""中性"和"基性"分别根据 SiO_2 含量">72%""62%~72%""52%~62%"和"<52%"划定,"富晶屑凝灰岩类"中晶屑含量一般大于 25%。

酸性火山岩类风化物:本类成土母质分布较广,随具体成壤环境可形成红壤、黄红壤、红壤性土、黄壤、饱和红壤等各类地带性土壤,成土特点各异。

在低海拔丘陵区多形成红壤,土壤剖面发育良好,土体厚度在 1m 左右,呈橙色或亮红棕色,质地以壤质黏土为主,酸性至微酸性。因土体深厚、物理性状好、光热充沛,该类风化物多已被开发利用,主要为茶果园、旱耕地等。

在低山丘陵区多形成黄红壤,面积最大,土体厚度一般不足 1m,土壤发育较好,呈黄橙色,以黏壤土为主,含 10% 左右的砾石,碎块状结构,表土疏松,心底土坚实,酸性—微酸性。主要开垦为林地,宜植杉木,部分缓坡处可种植毛竹。

在中低山区多形成黄壤,土壤发育好,大部分剖面有松软的枯枝落叶层,土体厚薄不一,厚度一般在 1m 左右。表土层以黑棕色为主,心土层为浊黄橙色,质地以黏壤土为主,含较多岩屑、碎砾,酸性—微酸性。土体疏松,通透性好,生物积累旺盛,富含有机质和速效钾,可发展高山优质茶园和高山蔬菜。

中酸性火山岩类风化物:形成的土层较厚,厚度一般在 1m 以上,质地均一,较黏细。矿物组成以石英为主,含少量钾长石、斜长石、伊利石、高岭石、蒙脱石、铁白云石、赤铁矿。土壤质地适中,养分含量丰富,保蓄性好,通透性较好,适种性广。

6. 第四系沉积物

第四系沉积物指岩石风化物经流水、潮流、波浪等动力的搬运和分选,在一定部位沉积下来的松散堆积物,主要分布于盆地或呈带状零星分布于主要水系的河谷内。根据成因类型,安吉县第四系沉积物可划分为残积物(分为中更新统残积物和上更新统残积物)、洪冲积物、河流相沉积物 3 种主要类型,各类型之下,再根据对土壤有较大影响的沉积亚相划分出若干亚类,分述如下。

中更新统残积物:属于红土风化物,土体厚度一般在 1m 以上,土壤发育较好,剖面分化明显,红棕色—亮红棕色,质地黏重,为壤质黏土至黏土,酸性—强酸性。矿物组成以石英、钾长石、斜长石为主,次生矿物有伊利石、蒙脱石、高岭石和赤铁矿等。盐基饱和度低,表层土壤养分中等偏下,具有"酸、黏、瘦、旱"的特点。因所处地形平缓,光热条件好,适种性相对较广,但由于心土层质黏地重,不利于毛竹、杉木、油茶等植物的生长。

上更新统残积物:属于红土风化物,土壤发育好,剖面分化明显,土体厚度一般在 1m 以上,呈橙色、黄橙色。土体疏松,微团聚体发育较差,质地为砂质黏壤土—壤质黏土,酸性—微酸性。盐基饱和度较低,耕作层养分总体较贫乏,有机质含量偏低,但地处缓坡,光热条件好,质地适中,宜种性较广。

洪冲积物：土体厚度不足 1m，剖面分化不明显，呈黄灰色、棕黄色，质地变化幅度较大，为砂质壤土—壤质黏土，常含较多砾石，微酸性—中性，盐基饱和。矿物组成以石英为主，含少量钾长石、伊利石、斜长石和蒙脱石。土壤通透性好，保蓄性能差，漏水漏肥，常受洪水和秋旱影响。开发利用时间长的土地适种性较广，多数被辟为水田植稻，也可种植旱杂粮、经济作物和水果，农作物起发快、易早衰。

河流相沉积物：①边滩、河道相砂，成土时间短，土层浅薄，剖面分化不明显，呈亮棕色，质地为砂质壤土—壤质砂土，砂粒含量高达 80% 以上，并夹有少量砾石，土体松散，无结构，微酸性—中性。常受洪水浸淹，质地轻松，养分含量低，漏水漏肥，保肥性差，肥力低，农业利用差。②河漫滩相粉砂，在江河上游及主要支流两岸的高河漫滩阶地沉积物粒度较粗，多形成泥砂土和泥砂田，土体厚度为 1m 左右，呈灰棕色，质地较轻，主要为砂质壤土—壤土，砂粒含量达 50% 左右，分选性差，且含少量砾石，微酸性—中性。该类具土体疏松、耕性及通透性好、供肥快等优点，宜植蔬菜、旱杂粮、柑橘、桑树和水稻，渗透稍快，作物易早衰。江河中下游的河漫滩堆积物沉积物粒度相对较细，多形成培泥砂土、培泥砂田、泥质田，土体较深厚，部分剖面的下段为砾石层，质地均一、黏细，以黏壤土为主，微酸性至中性。矿物组成以石英、钾长石为主，含少量伊利石、高岭石、蒙脱石和方解石。盐基饱和度高达 80% 以上，有机质含量高，质地适中，土体疏松，通透性、耕性好，渗透较快，具较好的保水保肥能力，适种性广。

三、元素在岩石与土壤中的迁移特征

岩石在风化成土壤的过程中，岩石中各种元素会不同程度迁移到土壤中。本书针对安吉县英安玢岩、花岗岩、火山碎屑岩、砂岩或粉砂岩、碳硅质泥岩、灰岩等不同岩类，分析各养分元素从有机质层（A）→沉淀层（B）→母质层（C）→基岩层（R）的系统变化规律（表 2-6-1，图 2-6-1）。分析表明，土壤成分与下伏基岩（成土母岩）具有组分特征的一致性，表现如下。

（1）不同风化层的元素分布模式与下伏基岩的分布模式基本一致，显示风化过程中元素的分异不明显，元素相对含量的变化也不大，表现出明显的一致性，佐证了山区土壤多是由岩石就近风化而成的认识。

（2）土壤继承了成土母质的元素组成特征，如 K、Mg 在花岗岩和火山岩中含量较高，Mo 在碳硅质泥岩中含量较高，Sr 在花岗岩中含量较高，Ca、Mg、Cu、Mn 在碳酸盐岩中含量较高。

（3）在风化成土过程中，随着物理化学条件（pH 和 Eh）的改变，不同岩石的元素释出能力和迁聚特性不同。

在一定气候带或者相近的气候条件内，岩石类型会直接影响生态系统发育的水土条件、地形地貌形成条件以及破坏性的致灾条件，是决定山水林田湖草湿生态系统的基础因素之一。虽然岩石风化是土壤形成的开始，但土壤形成包括"地质大循环"和"生物小循环"两个阶段，通过分析不同地质背景下的岩石（成土母岩）化学成分可以预测土壤的养分含量尤其是微量元素的含量变化特征（土壤元素本底），如岩石中富硒或富锗，可以推测相应的土壤中富硒或富锗的潜力。

表 2-6-1　不同岩石类型垂向剖面中养分元素含量一览表

岩石名称	层位	P %	K %	Mg %	Ca %	Fe 10^{-6}	Cu 10^{-6}	Mo 10^{-6}	Mn 10^{-6}	Sr 10^{-6}	Zn 10^{-6}	B 10^{-6}
英安玢岩	A	436.00	1.70	0.45	0.14	5.08	14.50	1.18	708.00	51.60	88.90	33.80
	B	324.00	1.64	0.34	0.12	5.26	14.70	1.18	612.00	49.50	92.30	21.50
	C	444.00	2.55	0.29	0.17	4.75	13.80	0.84	697.00	86.00	102.00	8.50
	R	1 179.00	3.49	1.09	2.49	3.13	10.20	0.71	775.00	415.00	72.60	6.26
花岗岩	A	769.00	2.78	0.55	0.80	3.05	13.80	0.47	538.00	276.00	76.30	6.45
	B	669.00	2.84	0.55	0.69	3.15	15.90	0.62	540.00	240.00	75.60	7.44
	C	846.00	2.81	0.50	1.03	2.56	13.30	0.32	482.00	374.00	58.70	3.03
	R	1 065.00	3.05	0.71	1.79	2.12	13.60	0.29	435.00	391.00	57.60	3.77
火山碎屑岩	A	407.00	2.48	0.41	0.16	3.77	14.70	0.99	749.00	55.10	84.40	72.20
	B	369.00	2.70	0.45	0.11	4.14	13.50	0.85	684.00	62.00	83.60	31.00
	C	371.00	2.95	0.43	0.15	4.15	12.00	0.73	554.00	75.30	83.60	20.20
	R	1 088.00	4.40	0.72	1.37	3.51	11.70	0.50	623.00	412.00	80.60	4.34
砂岩或粉砂岩	A	269.00	0.95	0.29	0.09	2.55	14.20	0.77	159.00	45.00	39.10	77.50
	B	182.00	1.70	0.42	0.04	3.01	18.40	0.80	93.80	50.00	37.60	68.00
	C	231.00	2.66	0.47	0.04	2.25	12.20	0.36	82.10	49.50	25.40	74.90
	R	133.00	2.93	0.48	0.04	1.08	4.20	0.17	81.60	67.10	22.80	83.60
碳硅质泥岩	A	620.00	1.88	0.69	0.36	5.04	84.60	12.90	1 074.00	72.70	68.60	93.10
	B	497.00	1.94	0.71	0.39	5.15	87.10	13.30	1 114.00	51.20	75.70	102.00
	C	536.00	2.40	0.25	0.13	4.73	110.00	39.50	267.00	41.10	54.10	25.50
	R	148.00	2.44	0.03	0.06	1.03	18.70	29.80	69.00	11.20	5.50	12.70
灰岩	A	616.00	1.48	1.206	0.42	5.075	137.00	11.70	2 300.00	39.20	618.00	57.30
	B	582.00	1.53	1.230	0.44	5.201	137.00	11.80	2 350.00	38.70	643.00	56.30
	C	539.00	1.49	1.314	0.54	4.865	134.00	11.60	2 405.00	42.20	593.00	60.30
	R	452.00	1.73	1.116	1.08	5.131	115.00	8.82	1 918.00	52.50	510.00	82.00

在不同岩石背景下的土壤中，SiO_2 随深度的加深含量变化不明显。在火山岩和砂岩或粉砂岩中，随土壤的加深，Al_2O_3 含量有增大的趋势，这种增大趋势主要表现在土壤深度 10～20cm 到 20～40cm 范围内，深层土壤中含量变化很小。

在花岗岩背景中，土壤中 TFe_2O_3 含量在 30～40cm 范围内突然升高，其他土层中含量变化不大。在硅质泥岩背景中，土壤中 CaO 含量在 10～20cm 范围内突然增高，20～30cm 突然降低，30cm 以下含量基本不变。而在花岗岩背景中，深层土壤 CaO 含量基本不变，至表层土

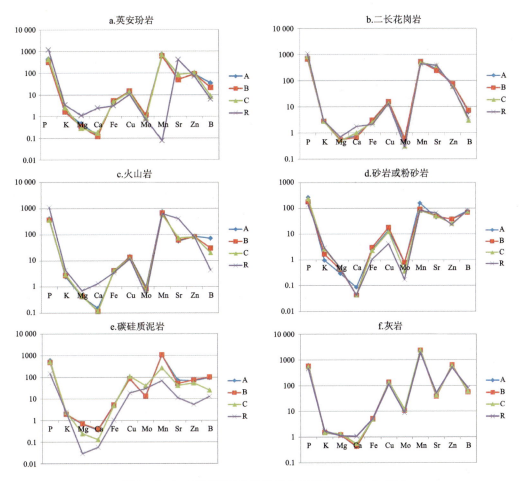

图 2-6-1　不同岩石类型各养分元素含量变化曲线图

注：纵坐标为元素含量对数。

壤突然降低，在其余岩石背景中，CaO 含量变化不明显。在火山岩背景中，Na_2O 含量在深层土壤变化不大，至表层土壤呈现增大趋势，在花岗岩背景中，自下而上先升高后降低，呈现反"C"形分布。K_2O 在火山岩背景中，自下而上呈逐渐降低的趋势，在花岗岩背景中，在 30~40cm 和 60~70cm 范围内突然降低，其余岩石背景中 K_2O 含量随深度变化不大。MgO 在硅质泥岩中自下而上含量先降低，至 20~30cm 深度 MgO 含量突然升高，其余岩石背景中 MgO 含量随深度变化不明显（图 2-6-2）。

在不同地质背景中，土壤有机碳（Corg）含量自下而上均整体呈现出逐渐增大的趋势，且下部增大趋势不明显，从深层土壤至表土壤层呈急剧增大的趋势。

在火山岩和花岗岩背景中，As 在土壤中的含量自下而上呈逐渐增加的趋势。在硅质泥岩背景中，浅层土壤和表层土壤中 As 含量明显高于深部土壤，且深部土壤中含量变化趋势较小。在砂岩或粉砂岩背景中，As 在土壤中的含量自下而上先由大变小，后又逐渐增大，至表层土壤又开始减小，在图上呈近似反"S"形分布。其余岩石背景中，As 含量变化不明显（图 2-6-3）。

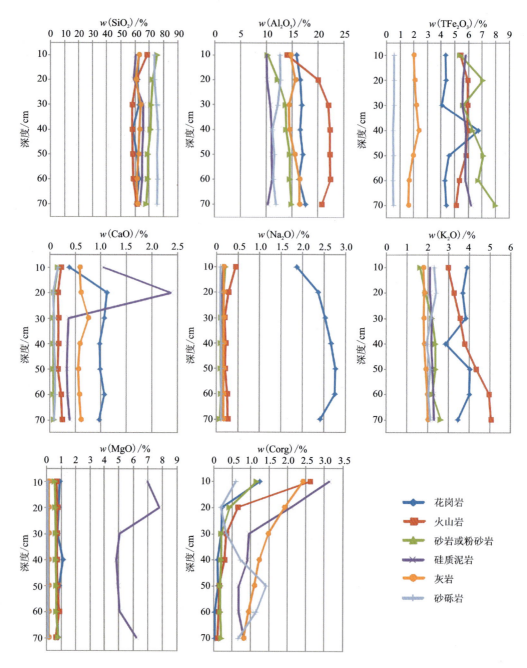

图 2-6-2 不同建造单元垂向剖面中各氧化物含量变化曲线图

除灰岩和硅质泥岩背景外，Cd 在土壤表层的含量高于其他土层，在 40cm 以下土层中，Cd 含量随深度的变化不明显。在灰岩背景中，Cd 在土壤中的含量自下而上先由大变小，后又逐渐增大，至表层土壤又开始变小，在图上呈反"S"形分布。在硅质泥岩背景中，Cd 在土壤中的含量自下而上呈先减小后增大的趋势，在图上呈"C"形分布。

在火山岩和花岗岩背景中，Cr 在土壤中的含量自下而上呈逐渐增加的趋势。在砂岩或粉砂岩、硅质泥岩、灰岩背景中，Cr 呈近似的反"S"形分布。在砂砾岩中，Cr 含量随深度的增加变化不明显。

在花岗岩和灰岩背景中，Cu 在 30~40cm 范围内含量突然增高。在硅质泥岩背景中，Cu 在 10~20cm 范围内含量突然增高，这种增高趋势可能与表层淋滤至深层沉淀有关。Hg 在土壤表层的含量显著高于其他土层，在 40cm 以下土层中，Hg 含量随深度的加深而呈逐渐降低的趋势，在硅质泥岩中，这种趋势较明显。在各类不同岩石背景中，Ni 在土壤中的含量随深度变化都不明显。Pb、Zn 两种元素在不同岩石背景中的土壤垂向变化趋势较为相似，反映出两种元素的相关性较好（图 2-6-3）。

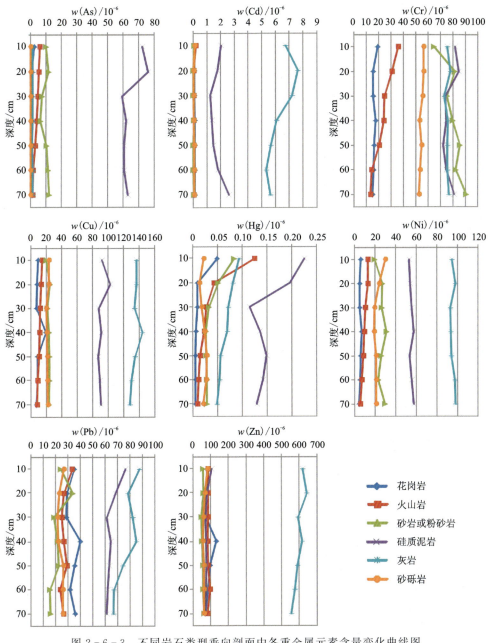

图 2-6-3　不同岩石类型垂向剖面中各重金属元素含量变化曲线图

四、元素在土壤与农作物中的迁移特征

土壤是农业生产的物质基础，能为农作物的生长提供各种养分，同时土壤中的有害元素也会随着农作物的生长而迁移到农作物体内。本书对安吉县余村3件油菜套样（包括根系土、根、茎、籽实）测试数据（表2-6-2）进行系统分析后发现，不同元素在"土壤-油菜"系统中具有一定的规律性。

油菜植株由下而上，多数元素含量逐渐降低，但Cu、Zn两种元素从茎到籽实含量升高，说明油菜籽实中较易富集Cu、Zn，且Zn的富集系数更大。YCCZ03号样品根中Cd含量大于土中Cd的含量，YCCZ02号样品茎中Cd含量大于根中Cd的含量，说明菜籽植株中Cd易向上迁移，当土壤中Cd含量过高时，易引起籽实中Cd含量超标。其他元素由下而上迁移过程中，元素浓度逐渐降低，一般不易造成超标（图2-6-4）。因此，重金属元素Cd在油菜籽实中的富集需引起足够的重视。

表2-6-2 油菜根系土及植株内部分元素含量一览表

样号	采样部位	As	Cd	Cu	F	Hg	Ni	Pb	Se	Zn
YCCZ01	籽实	0.007	0.23	3.52	1	0.001 5	0.26	<0.01	0.179	37.2
	茎	0.07	0.9	1.93	1.2	0.008 8	0.35	0.18	0.205	6.76
	根	1	0.92	9.46	18.4	0.016	2.7	4.06	0.254	21.4
	根系土	10.1	1.49	47.3	596	0.107	26	54	0.71	123
	富集系数	0.000 7	0.154 4	0.074 4	0.001 7	0.014	0.01	0.000 2	0.252 1	0.302 4
YCCZ02	籽实	0.007	0.1	2.98	1	0.001 5	0.56	0.012	0.036	36.3
	茎	0.13	1.8	1.87	1	0.004	0.61	0.43	0.081	13.4
	根	0.55	0.83	5.25	2.8	0.01	1.43	1.69	0.104	15.5
	根系土	24.3	1.13	51.2	821	0.159	30.8	61	0.56	138
	富集系数	0.000 3	0.088 5	0.058 2	0.001 2	0.009 4	0.018 2	0.000 2	0.064 3	0.263 0
YCCZ03	籽实	0.007	0.22	3.47	1	0.001 4	0.37	0.018	0.055	38.8
	茎	0.067	0.6	1.42	1	0.004 4	0.32	0.18	0.103	9.08
	根	0.62	0.63	6.48	9.4	0.012	3.48	3.78	0.126	19.8
	根系土	3.9	0.45	20.7	487	0.127	15.3	35.8	0.32	109
	富集系数	0.001 8	0.488 9	0.167 6	0.002 1	0.011	0.024 2	0.000 5	0.171 9	0.356 0

注：元素含量单位为10^{-6}，富集系数为不同样号植株中籽实中元素含量与根系土中元素含量之比。

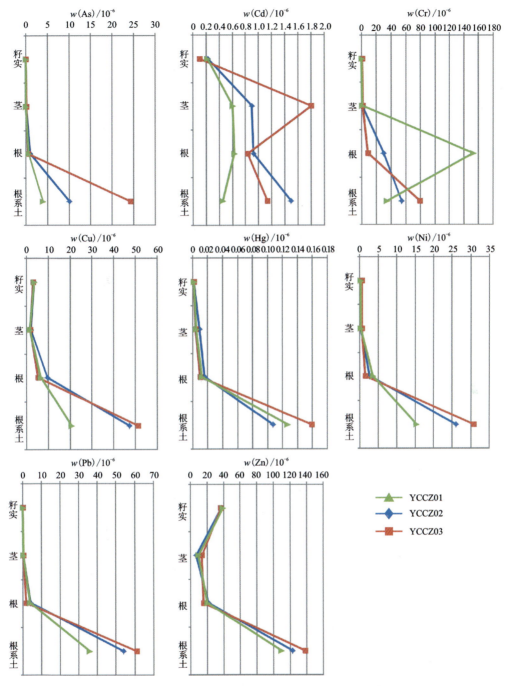

图 2-6-4 油菜根系土及植株内部分元素迁移示意图

本书对安吉县余村4件水稻套样(包括籽实、叶、茎、根、根系土)测试数据(表2-6-3)进行了系统对比分析,如图2-6-5所示。从图中可以看出,As、Cd两种元素在稻谷根中的含量整体高于根系土中的含量,说明稻谷根对这两种元素具有富集作用,从根到茎,含量显著降低,再从茎到叶,As含量稍有升高,Cd含量继续降低,两种元素在稻谷籽实中的含量最低。

Cr主要集中富集于稻谷根及叶片中,籽实中含量较低,Cu主要富集于稻谷根中。从根系土到根、Hg、Ni、Pb、Zn含量均显著降低,在稻谷植株中,各元素在叶片中更富集。综上所述,稻谷的根较易富集Cd、Cr、As等重金属元素,而其可食部分(籽实)中重金属元素含量较少。

表2-6-3 水稻根系土及植株内部分元素含量一览表

样号	采样部位	As	Cd	Cr	Cu	Ge	Hg	Ni	Pb	Zn
AJSD-1	籽实	0.108	0.036	0.65	6.51	0.006	0.001 8	0.34	0.041	23.4
	叶	0.871	0.09	71.4	6.42	0.064	0.018	1.17	1.08	27.2
	茎	0.555	0.2	35.4	13.8	0.032	0.004 6	0.8	0.63	37.9
	根	40.7	1.01	40.8	74	0.025	0.015	5.04	6.5	65.3
	根系土	24.4	1.12	57.3	38.4	1.41	0.083	29	39.6	139
	富集系数	0.004	0.032	0.011	0.170	0.004	0.022	0.012	0.001	0.168
AJSD-2	籽实	0.102	0.053	0.97	5.89	0.006	0.001 5	0.38	0.036	25.9
	叶	1.52	0.19	24.5	5.97	0.051	0.024	1.21	1.81	27.2
	茎	0.62	0.28	19.2	7.4	0.04	0.005 4	0.57	0.51	23.6
	根	13.40	1.4	26.8	39.4	0.031	0.029	7.04	9.86	61.3
	根系土	35.10	1.38	77.9	38.3	1.26	0.121	31.3	47.6	119
	富集系数	0.003	0.038	0.012	0.154	0.005	0.012	0.012	0.001	0.218
AJSD-3	籽实	0.177	0.058	0.41	4.37	0.006	0.002 6	0.27	0.023	28.5
	叶	2.69	0.14	41.3	4.54	0.045	0.018	1.06	0.95	23.1
	茎	1.36	0.26	23.2	5.16	0.033	0.004	0.53	0.29	42.6
	根	19	2.51	23.9	33.3	0.023	0.019	4.4	8.45	83.3
	根系土	16.600	1.470	53.400	53.400	1.310	0.122	26.200	47.000	155.000
	富集系数	0.011	0.039	0.008	0.082	0.005	0.021	0.010	0.000 5	0.184
AJSD-4	籽实	0.146	0.22	0.41	4.94	0.01	0.002 2	0.88	0.039	32.6
	叶	2.05	0.39	20.7	5.68	0.046	0.018	1.16	1.52	27.7
	茎	1.03	1.17	8.44	4.56	0.033	0.004 4	0.62	0.69	63.5
	根	11.5	4.39	73	17.9	0.024	0.022	5.77	10.3	95.3
	根系土	15	1.18	52	33.9	1.31	0.151	25.6	48.1	119
	富集系数	0.01	0.19	0.01	0.15	0.01	0.01	0.03	0.001	0.27

注:元素含量单位为10^{-6},富集系数为不同样号植株中籽实中元素含量与根系土中元素含量之比。

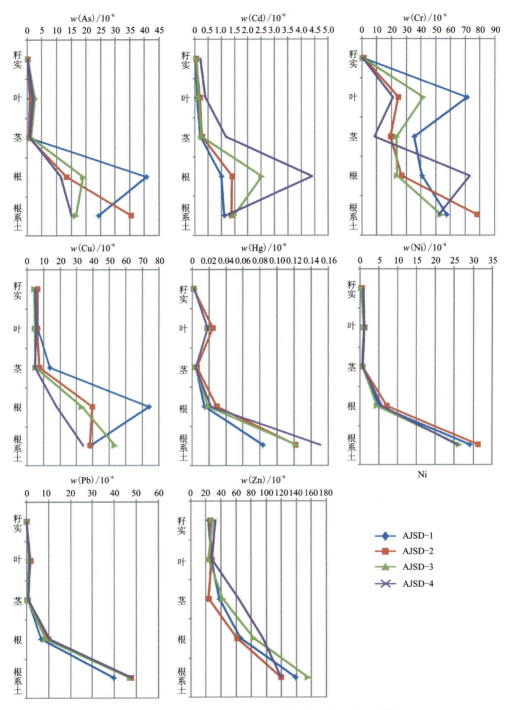

图 2-6-5 水稻根系土及植株内部分元素迁移示意图

第三章　生态地质资源

第一节　地质遗迹资源

一、地质遗迹资源概况

本书在2013—2014年安吉县地质遗迹调查与评价项目的基础上,结合近几年的调查成果,对安吉县地质遗迹资源进行了重新梳理。安吉县地质遗迹资源共62处,其中国家级4处,省级12处,县级46处。根据《浙江省地质遗迹调查评价技术要求(试行)》,安吉县地质遗迹资源可分为基础地质、地貌景观、地质灾害3个大类,又可分为8个类,17个亚类(表3-1-1,图3-1-1)。

(一)基础地质大类

基础地质大类地质遗迹进一步划分为地层剖面、构造剖面和重要岩矿石产地3类。其中,地层剖面8处,包括安吉杭垓赫南特阶标准剖面、康山组($S_{1-2}k$)正层型剖面、大白地河沥溪组(S_1h)剖面(原大白地组)、孝丰霞乡组(S_1x)次层型剖面、叶坑坞荷塘组—西阳山组地层剖面、大溪黄尖组剖面等,以安吉杭垓赫南特阶标准剖面、孝丰霞乡组(S_1x)次层型剖面、康山组($S_{1-2}k$)正层型剖面以及叶坑坞荷塘组—西阳山组地层剖面最具科研与科普价值;孝丰霞乡组(S_1x)次层型剖面是由原安吉组正层型剖面更改而来;原大白地组(现大白地河沥溪组)剖面作为河沥溪组(S_1h)的次层型剖面,两个地层单元均被弃用,但其地层剖面仍具有较高的地层学价值。构造剖面1处,为位于报福镇景溪村的断层谷。重要岩矿石产地6处,包括余村矿山遗址、港口地区矽卡岩型多金属矿床、郎村(统里村)矽卡岩型-石英(细)脉型钨钼多金属矿床、蒲芦坞接触交代型萤石矿床、高禹红庙膨润土、康山沥青煤。

表 3-1-1 安吉县地质遗迹分类表

编号	名称	大类	类	亚类
AJG001	安吉杭垓赫南特阶标准剖面	基础地质	地层剖面	全球层型剖面
AJG002	康山组($S_{1-2}k$)正层型剖面	基础地质	地层剖面	层型（典型剖面）
AJG003	大白地河沥溪组(S_1h)剖面	基础地质	地层剖面	层型（典型剖面）
AJG004	孝丰霞乡组(S_1x)次层型剖面	基础地质	地层剖面	层型（典型剖面）
AJG005	叶坑坞荷塘组—西阳山组地层剖面	基础地质	地层剖面	层型（典型剖面）
AJG006	大溪黄尖组剖面	基础地质	地层剖面	层型（典型剖面）
AJG007	远古地震遗迹	基础地质	地层剖面	地质事件剖面
AJG008	千层石	基础地质	地层剖面	地质事件剖面
AJG009	断层谷	基础地质	构造剖面	断裂
AJG010	余村矿山遗址	基础地质	重要岩矿石产地	矿业遗址
AJG011	港口地区矽卡岩型多金属矿床	基础地质	重要岩矿石产地	典型矿床类露头
AJG012	郎村(统里村)矽卡岩型-石英(细)脉型钨钼多金属矿床	基础地质	重要岩矿石产地	典型矿床类露头
AJG013	蒲芦坞接触交代型萤石矿床	基础地质	重要岩矿石产地	典型矿床类露头
AJG014	高禹红庙膨润土	基础地质	重要岩矿石产地	典型矿床类露头
AJG015	康山沥青煤	基础地质	重要岩矿石产地	典型矿床类露头
AJL001	石灰岩假山	地貌景观	岩土体地貌	碳酸盐岩地貌（岩溶地貌）
AJL002	仙人洞溶洞	地貌景观	岩土体地貌	碳酸盐岩地貌（岩溶地貌）
AJL003	野猪洞溶洞	地貌景观	岩土体地貌	碳酸盐岩地貌（岩溶地貌）
AJL004	马鞍山陡石岩岩岗	地貌景观	岩土体地貌	侵入岩地貌
AJL005	垭子岭人头岩石柱	地貌景观	岩土体地貌	侵入岩地貌
AJL006	天荒坪火山	地貌景观	火山地貌	火山机构
AJL007	龙王山火山岩峰丛地貌	地貌景观	火山地貌	火山岩地貌
AJL008	龙王山千丈岩崖嶂	地貌景观	火山地貌	火山岩地貌
AJL009	龙王山桐王山尖崖嶂	地貌景观	火山地貌	火山岩地貌
AJL010	龙王山柱状节理	地貌景观	火山地貌	火山岩地貌
AJL011	龙王山石柱	地貌景观	火山地貌	火山岩地貌
AJL012	黄浦江源峡谷	地貌景观	构造地貌	峡谷地貌
AJL013	石坞口峡谷	地貌景观	构造地貌	峡谷地貌
AJL014	浙北大峡谷	地貌景观	构造地貌	峡谷地貌
AJL015	芙蓉谷	地貌景观	构造地貌	峡谷地貌
AJL016	大溪峡谷	地貌景观	构造地貌	峡谷地貌
AJL017	小沿坑峡谷	地貌景观	构造地貌	峡谷地貌
AJL018	藏龙百瀑峡谷	地貌景观	构造地貌	峡谷地貌

续表 3-1-1

编号	名称	大类	类	亚类
AJL019	高山村芝山石墙	地貌景观	构造地貌	构造地貌
AJL020	尚梅和尚石石墙			
AJL021	石门发电站石门			
AJL022	章里村高二石墙			
AJL023	唐舍水车岩石墙			
AJL024	统里村红石崖崖嶂			
AJL025	千亩田夷平面			
AJL026	文岱冷泉		水体地貌	泉
AJL027	五女泉			
AJL028	西施泉			
AJL029	天加山河漫滩			
AJL030	三官湿地			湿地-沼泽
AJL031	大里畈河流袭夺			河流(景观带)
AJL032	西溪风景河段			
AJL033	姚村南车悬瀑瀑布群			瀑布
AJL034	九龙峡瀑布群			
AJL035	牛头颈二叠瀑布			
AJL036	大里五级瀑布			
AJL037	黄浦江源瀑布			
AJL038	浮塘龙潭二级瀑布			
AJL039	官财坑瀑布			
AJL040	藏龙百瀑瀑布群			
AJL041	黄浦江源第一瀑布			
AJL042	分路口瀑布			
AJD001	胡家里石浪	地质灾害	地质灾害遗迹	崩塌
AJD002	石路里石浪			
AJD003	羊角岭石浪			
AJD004	董岭石浪			
AJD005	大补缸石浪			

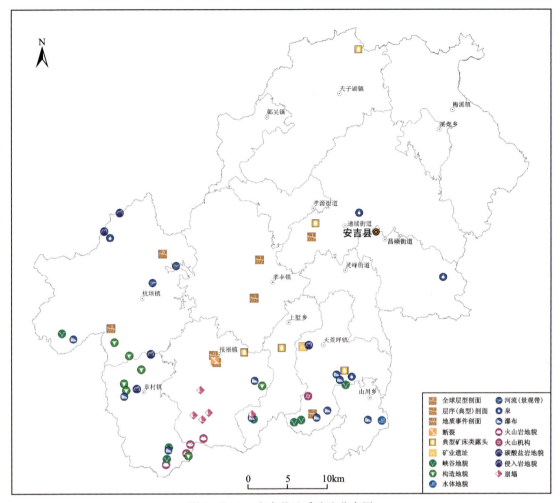

图 3-1-1　安吉县地质遗迹分布图

(二)地貌景观大类

地貌景观大类包括岩土体地貌、火山地貌、构造地貌与水体地貌 4 类。岩土体地貌包括岩溶地貌与侵入岩地貌,分布于安吉县西南部;火山地貌包括火山机构与火山岩地貌,主要分布于安吉南部;构造地貌分为峡谷地貌与构造地貌,峡谷地貌分布于安吉县南部的火山岩分布区,如浙北大峡谷等;构造地貌主要为由震旦系皮园村组硅质岩形成的石墙、石门,分布于安吉县西南部杭垓镇;水体地貌主要包括泉、湿地-沼泽、河流(景观带)以及瀑布,分布在天荒坪镇、山川乡以及杭垓镇等山区。

(三)地质灾害大类

安吉县地质灾害大类地质灾害遗迹主要分布于报福镇和上墅乡,共计 5 处,均为崩塌遗迹,分别为胡家里石浪、石路里石浪、羊角岭石浪、董岭石浪、大补缸大石浪。

二、地质遗迹资源分布

安吉县地质遗迹分布于 9 个乡镇(街道)。章村镇地质遗迹分布最多,有 14 处,占安吉县地质遗迹总数的 28%,其次为杭垓镇(图 3-1-2)。在空间上,地质遗迹主要集中分布在龙王山一带,包括章村镇、报福镇等,共 20 处,占安吉县地质遗迹总数的 40%。

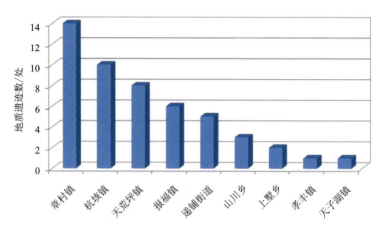

图 3-1-2 安吉县地质遗迹在各乡镇分布图

不同地貌单元统计显示(表 3-1-2),位于龙王山一带的构造侵蚀剥蚀中山区地貌单元内地质遗迹分布最多,共有 25 处,占安吉县地质遗迹总数的 50%;其次为低山区地貌单元,共分布有地质遗迹 14 处,占安吉县地质遗迹总数的 28%;而丘陵区、垄岗丘陵区、河谷平原区地貌单元地质遗迹分布较少,共计 11 处,占安吉县地质遗迹总数的 22%。从面密度分布规律分析,构造侵蚀剥蚀中山地质遗迹分布密度最大,其次为低山区,而河谷平原区地质遗迹分布密度最小。

表 3-1-2 安吉县地质遗迹在各地貌单元中分布情况一览表

地貌单元		中山区	低山区	丘陵区	垄岗丘陵区	河谷平原区
地质遗迹数	处	25	14	4	6	1
面密度	处/km²	0.09	0.05	0.009	0.01	0.002

三、主要地质遗迹资源形成与演化

2013—2014 年开展的安吉县地质遗迹调查与评价项目对安吉县范围内部分地质遗迹的形成过程进行了分析研究。本书结合前人的成果,对早古生代地层剖面、龙王山火山岩地貌、瀑布、石浪(崩塌遗迹)的形成演化过程进行了简要分析。

(一)早古生代地层剖面的形成

安吉县早古生代重要地层剖面包括叶坑坞荷塘组—西阳山组地层剖面、安吉杭垓赫南特阶标准剖面、孝丰霞乡组(S_1x)次层型剖面、大白地河沥溪组(S_1h)剖面以及康山组($S_{1-2}k$)正层型剖面。

寒武纪时期,安吉县一直受海水侵袭,早期至中期(荷塘期至杨柳岗期)沉积了以硅质页岩夹石煤层和白云质灰岩层为主的沉积建造;在寒武纪晚期(华严寺期至西阳山期),安吉县所在地区海水由浅海区逐渐退却,区域上成为盆地斜坡地带,沉积了含灰岩透镜体泥质灰岩。上述沉积岩构成了叶坑坞寒武系地层的基础。

奥陶纪晚期,深水陆棚静水沉积环境出现了丰富的笔石生物,以及7~8个属种的海绵生物。该时期主要形成一套粉—细砂岩、长石石英砂岩、泥岩夹碳质页岩组合,完整的沉积序列与笔石生物序列为安吉杭垓赫南特阶标准剖面的形成提供了基础。

早志留世早期(霞乡期)是本区志留纪最大海侵期,当时区内为广阔的浅海陆棚环境,沉积了粉砂质泥岩和泥质粉砂岩。早志留世晚期(河沥溪期),区内开始大规模海退,受皖赣境内江南台隆渐由水下高地抬升为岛屿影响,其东南陆缘边界推至江山-绍兴大断裂一线,地壳微振荡频率增加,钱塘海盆内水体明显变浅,潮汐作用加剧。区内海水普遍变浅,已处于弱还原环境的次浅海潮下坪至滨海潮坪地带,沉积了以粉砂岩至细砂岩为主夹泥岩的陆源碎屑岩。中志留世(康山期)初,区内有小海侵,形成了以泥岩为主的介壳相沉积。随后海水不断变浅,加之此时皖赣境内江南台隆已由岛屿上升为古陆,成为主要的蚀源区,区内为海滩—潮坪相沉积,西部由于物源丰富,沉积了砂、泥岩,所含生物群主要为浅水腕足类。

以上寒武纪、奥陶纪和志留纪形成的地层在后期经过构造运动以及侵蚀剥蚀作用揭露于地表,且较为完整地保留下来,形成现今的重要地层剖面遗迹。

(二)龙王山火山岩地貌形成与演化

龙王山地貌景观包括夷平面、火山岩峰丛、崖障、岩柱、峡谷以及瀑布跌水等景观,形成演化经历了3个阶段(图3-1-3)。

第Ⅰ阶段:火山喷发阶段。早白垩世龙王山一带出现强烈的火山喷发,大量高温气体和炽热火山碎屑组成的混合体从火山口猛烈爆发,冲向高空,形成喷发柱,喷发柱崩塌坠落,形成了火山碎屑流堆积亚相的流纹质晶玻屑(熔结)凝灰岩。凝灰岩在冷却凝结过程中形成四边形、五边形以及六边形的柱状节理,后期经构造影响形成次生节理,如龙王山顶由节理形成的石柱景观。

第Ⅱ阶段:地貌"塑造"阶段。晚白垩世至古近纪时期,强烈的断块运动使区内岩石节理构造发育。新生代,安吉县地区出现全面的差异性和振荡性以隆升为主的构造运动,地壳全面抬升上隆,在形成山体后很长一段地质时期,区内地壳相对稳定,山地在侵蚀、剥蚀等作用下削高补低,向准平原化的地形发育,形成了早期的千亩田平原(平地)。

第Ⅲ阶段:地貌再次改造阶段。新近纪时期,在平原(平地)形成后,区内在新构造运动作用下地壳又开始间歇性抬升,原有的千亩田平原和火山地貌再次被逐步改造,形成了天目山一带的4级夷平面以及西苕溪3级河流阶地,目前保存较好的为千亩田夷平面。安吉县由于气候转暖,雨量充沛,在地壳间歇性抬升过程中,水流的侵蚀强度加大并不断下切,并向源头发展,裂点上移,在节理裂隙发育地带或岩性相对软弱地带形成峡谷跌水瀑布,峡谷两侧岩体在重力作用下不断沿结构面崩塌,形成峡谷崖嶂、跌水瀑布和各类火山岩地貌,并逐渐塑造成现代的地形和地貌形态。

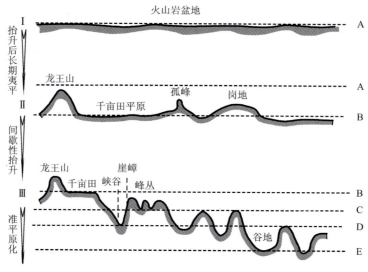

图 3-1-3 龙王山火山岩地貌演化过程示意图

注:Ⅰ阶段代表白垩纪早期火山喷发在龙王山一带形成的火山岩盆地,A 代表当时海拔;Ⅱ阶段为在古近纪龙王山经历的一次准平原化,局部形成孤峰、岗地,B 代表第四级夷平面(海拔 1300m 左右);Ⅲ阶段为新近纪后至今龙王山经历间歇性抬升,河流溯源侵蚀,不断侵蚀千亩田平原,改造周围地貌,形成现今的峰丛、峡谷地貌以及残留的千亩田夷平面和其他夷平面,C、D、E 分别代表第三级夷平面(海拔 800～900m)、第二级夷平面(海拔 600m 左右)和第一级夷平面(海拔 350m 左右)。

(三)瀑布形成与演化

藏龙百瀑峡谷、九龙峡峡谷、浙北大峡谷以及黄浦江源峡谷内均发育很多瀑布(群),其中藏龙百瀑瀑布群、九龙峡瀑布群、大里五级瀑布为多级瀑布群。区内瀑布的形成与地层岩性、构造以及地质构造运动息息相关。

1. 瀑布形成条件

(1)水源充足:龙王山、浙北大峡谷以及天荒坪一带山顶地带为夷平面,汇水面积较大,周边地势相对平缓,松散堆积层和风化壳厚度较大,植被极为发育,有利于地下水的储蓄,为瀑布的形成提供了较为充足的水源。

（2）断裂构造发育：安吉县瀑布发育于上白垩统火山碎屑岩之中，岩石节理发育，特别是在节理密集发育带，是形成陡崖、陡坎的基础。另外受新构造运动影响，区内经历了多期间歇性构造抬升，在峡谷沿途形成众多的裂点，岩石沿节理密集带或相对软弱岩层带裂解崩塌，形成陡坎，为瀑布的形成提供了基础。

2. 瀑布形成过程

瀑布的形成可划分为 4 个阶段（图 3-1-4）。

第Ⅰ阶段：地壳抬升，出现溯源侵蚀。

第Ⅱ阶段：裂点出现。地壳抬升，某处水量突然增大，岩性软弱带由于地表水侵蚀强度增加，出现裂点，侵蚀坡面坡度增加，在下部形成凹面，岩体沿节理等构造面发生崩塌。

第Ⅲ阶段：一级瀑布形成。早期出现裂点的地带侵蚀能力加强，加之节理发育，岩体崩塌，形成陡坎，发育瀑布。经过一段稳定时期后，地壳再次加速抬升或其他地带水量增加，侵蚀能力增加，出现新的裂点。

第Ⅳ阶段：多级瀑布形成。随着地壳的抬升或侵蚀加强，原陡坎继续发育、增高，裂点处岩体崩塌形成陡坎，发育二级瀑布，如此反复，可形成多级瀑布。

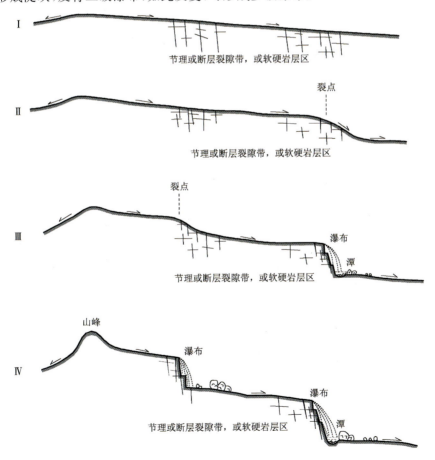

图 3-1-4　瀑布形成演化示意图

(四)石浪(崩塌遗迹)的形成与演化

1. 石浪特征

石浪主要分布于安吉县南部火山区,包括深溪大石浪、石路里石浪、胡家里石浪、羊角岭石浪以及董岭石浪等。石浪均分布在山体缓坡上。巨石多数分布在山坡上,下部为含碎石粉质黏土层,周围为含块石粉质黏土层,石浪呈密集长条形分布,簇拥堆叠,即为巨石堆。巨石岩面均为节理面,在山体坡脚处可见中更新统网纹黏土,巨石掩埋其中,说明石浪形成于中更新世以后。

2. 石浪形成

安吉县南部分布的石浪均由崩塌、泥石流形成。现以深溪大石浪为例说明其形成过程。

深溪大石浪所在区节理发育,冬季气温低于0℃,发生冰冻,岩石裂隙中的水冰冻后易发生冰劈作用(图3-1-5),加速岩石沿节理裂隙面裂解,发生崩塌,而在坡面的含水松散堆积物也易发生冻融,致使上部堆积块石等缓慢向下移动。综上认为,石浪的形成是崩塌、冻融等地质作用的共同结果。石浪形成演化过程如图3-1-6所示,现分述如下。

图3-1-5 冻融冰劈作用示意图

第Ⅰ阶段:石浪所在区最早为海拔1300m左右的夷平面,地壳抬升,区内遭受侵蚀形成山体及斜坡,山体斜坡后缘因侵蚀形成陡坎,成为崩塌发育的临空面。

第Ⅱ阶段:在流水侵蚀、风化、冰劈等作用或地震影响下,陡坎岩石不断沿节理风化面裂解发生崩塌,在坡脚形成倒石堆碎石流;倒石堆在重力作用下可沿斜坡缓慢向坡下蠕动,堆积物不断增加。

第Ⅲ阶段:由于石浪所在区冬季一般在0℃以下,碎块石下部的松散层表层易发生冻融作用,上部的碎块石将发生缓慢的蠕滑;另外,石浪所在区位于暴雨中心,在暴雨等强降雨的影响下,坡面堆积的碎块石流及砂土在水流的带动下,也可能向坡脚缓慢地滑移,进行长期地缓慢搬运,最终在整个斜坡坳沟区堆积大量的碎块石和砂土。

第Ⅳ阶段:山体逐渐向后退移,陡坎坡度变缓,崩塌也逐步停止,或仅少量崩塌存在,而降水形成的地下水不断沿碎块石之间的裂隙渗流,带走碎块石孔隙中的黏性土、砂等,导致碎块石再次挤压,并不断沿原坡洪积含碎石土面向下蠕动,最终在上部残留碎块石堆积物,形成石浪。

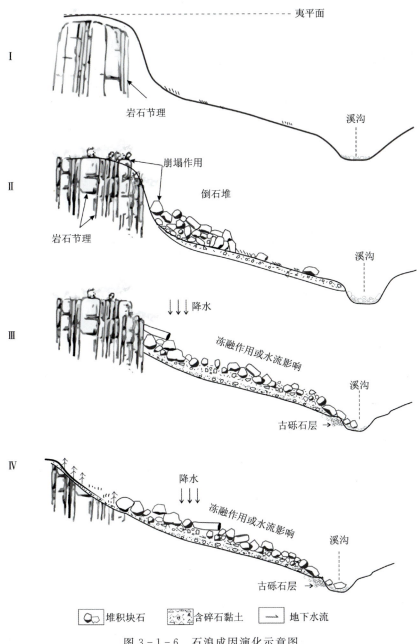

图 3-1-6 石浪成因演化示意图

注：Ⅰ阶段为夷平面剥蚀形成后,坡面水流不断侵蚀,形成悬崖陡坎；Ⅱ阶段为在形成陡崖(陡坎)地带,岩体沿节理面不断崩塌,形成倒石堆；Ⅲ阶段为在冻融作用和强降雨水流的影响下,碎块石缓慢向下移动,在坳沟地带沿途分布,前缘可到达溪沟,后缘继续崩塌裂解；Ⅳ阶段为降水形成的地下水将块石孔隙间的小颗粒黏土、砂等带走,使块石之间发生缓慢移动,互相挤压堆积,在此反复过程中形成现今的"石浪"。

第二节 矿产资源

一、矿产资源概况

安吉县矿产资源丰富,本书根据《浙江仙霞—安吉地区矿产地质调查成果报告》(2018年)和最新调查成果,区内共有22个矿种或矿种组合,矿床、矿点共计53处,其中大型矿床2处,中型矿床9处,小型矿床16处,矿点26处(图3-2-1,表3-2-1)。

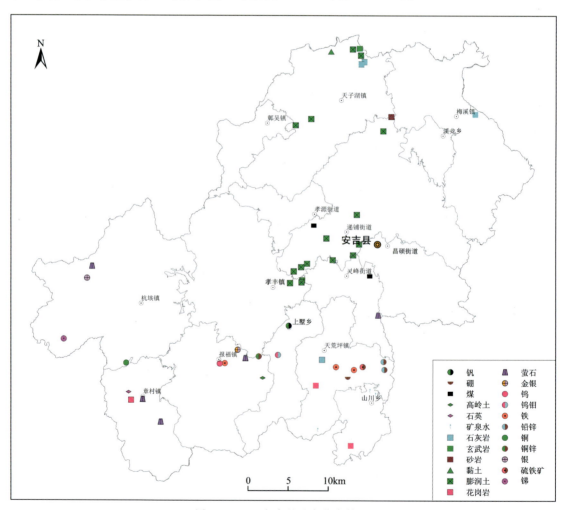

图3-2-1 安吉县矿产分布简图

表 3-2-1　安吉县矿产一览表　　　　　　　单位：处

矿产种类	主矿种	矿产规模			
		大型	中型	小型	矿点
贵金属	金银(银)			1	1
黑色金属	钒		1		
	铁			1	2
有色金属	铜锌				1
	铅锌				2
	铜				1
	锑			1	
	钨钼		1		
	钨				1
矿物类非金属	硼				1
	萤石	1		1	3
	硫铁矿				1
能源矿产	煤			1	1
水气矿产	矿泉水			3	
岩石(土)类非金属	高岭土				1
	花岗岩		2	1	
	石灰岩		3		1
	石英			1	
	砂岩	1			
	膨润土		2	5	9
	玄武岩				1
	黏土			1	

贵金属矿主要为金银(银)矿，共 2 处，占矿产总数的 3.77％，其中小型 1 处，矿点 1 处；黑色金属矿 4 处，其中铁矿 3 处，钒矿 1 处，占矿产总数的 7.55％，其中中型钒矿 1 处，小型铁矿 1 处，其余均为矿点；有色金属矿为铜、铅锌、锑、钨钼、钨等，共 7 处，占矿产总数的 13.21％，其中有 1 处中型钨钼矿和 1 处小型锑矿，其余规模较小，均为矿点；矿物类非金属矿有萤石 5 处，硼矿 1 处，硫铁矿 1 处；能源矿产主要为煤矿，仅 2 处，其中小型矿床 1 处，矿点 1 处；水气矿产为矿泉水，有小型矿床 3 处；岩石(土)类非金属有高岭土矿 1 处，花岗岩 3 处，石灰岩 4 处，脉石英 1 处，砂岩 1 处，膨润土 16 处，玄武岩矿 1 处，黏土矿 1 处。

二、矿产资源分布

根据《浙江仙霞—安吉地区矿产地质调查成果报告》(2018年)，不同成矿类型的矿(床)点的空间分布规律与成矿和控矿地质条件密切相关。接触交代型矿(床)点的分布与中酸性岩体、碳酸盐岩地层的关系密切；岩浆热液脉型矿(床)点的分布与侵入岩、断裂构造关系密切；石英(细)脉型矿(床)点与侵入岩、构造裂隙关系密切；构造蚀变角砾岩型矿(床)点分布主要受控于矿源层(体)及构造破碎带；风化残余型矿床和沉积型矿床主要受控于(火山)地层中特定岩性层。根据区域矿床(点)分布特征，与早白垩世岩浆侵入作用有关的由侵入岩体内至外矿床成因类型具有石英(细)脉型→接触交代型→岩浆热液脉型和构造蚀变角砾岩型分布的特征。

(一)石英(细)脉型矿(床)点

安吉县已知石英(细)脉型矿(床)点有5处，其中1处为中型矿床(郎村钨钼多金属矿)，4处为矿点、矿化点，分布零星，主要分布在细粒正长花岗岩或细粒二长花岗岩内接触带200m至外接触带800m范围内，以细粒正长花岗岩为主，主要矿种为钨矿、钼矿和铋矿。其中，仙霞复式岩体南东侧内接触带有1处铍矿点；唐舍复式岩体北西侧有1处白钨矿化点；统里庄复式岩体北侧内外接触带有1处铋矿化点和1处钨钼矿床；仙霞复式岩体北侧细粒二长花岗岩中有1处银多金属矿化点；素云村田坞潜霏细斑岩中有1处钼矿点。

(二)接触交代型矿(床)点

接触交代型矿(床)点的形成与调查区内中酸性侵入岩及南华系、震旦系、寒武系碳酸盐岩关系密切，当二者处于有利的构造位置，故具备形成此类矿床的条件，矿体一般产于岩体与围岩接触带1km范围内，其中铁矿(点)多位于中性花岗闪长岩体顶部或边部，一般在侵入岩体接触带以外500m以内；钨(钼)、铅锌银矿、多金属矿(点)一般位于岩体外接触带1km范围内。区内接触交代型矿(床)点主要分布于3个区块：①唐舍复式岩体与仙霞复式岩体之间的广泛区域，两个岩体之间分布着调查区内所有的震旦系地层和众多的寒武系地层，是调查区内最主要的接触交代型矿(床)点分布区，空间上分布于笔架山—高山—章村地区，主要矿种为多金属、铜矿和钨矿，其次为铁锌矿和硫铁矿；②五山关复式岩体北部岩体与围岩接触带上，空间上位于银坑村—五云里—五山关地区，主要矿种为铁矿、多金属；③统里庄复式岩体北侧岩体与寒武系灰岩、南华系锰质灰岩条带和钙质粉砂岩接触带上，空间上位于报福—蒲芦坞—郎村地区，呈近东西向分布，主要矿种为钨钼矿和萤石矿。

(三)岩浆热液脉型矿(床)点

岩浆热液脉型矿(床)点主要分布于区内马鞍山复式岩体、唐舍复式岩体、仙霞复式岩体和五山关复式岩体内外接触带。与马鞍山复式岩体密切相关的岩浆热液脉型矿床主要为萤石矿,矿床(点)主要产于岩体南仙桐坑一带岩体的内部或内外接触带,并受北西向、北东向断裂带控制;与唐舍复式岩体密切相关的岩浆热液脉型矿床主要为多金属、锑矿、铅锌矿等,矿体一般产于岩体与围岩外接触带 4km 范围内,矿体受北东向和北西向断裂控制;与仙霞复式岩体密切相关的岩浆热液脉型矿床也主要为萤石矿,岩体北西侧接触带上沿仙霞—章村一线已知萤石矿床(点)共 5 处,矿体产于岩体与围岩接触带 1km 范围内;与五山关复式岩体密切相关的岩浆热液脉型矿床也主要为萤石矿,矿体主要产于岩体北侧外接触带,此外岩体围岩局部有铜、铅、锌矿化。

(四)构造蚀变角砾岩型矿(床)点

安吉县已知构造蚀变角砾岩型矿(床)点仅 4 处,一般产于侵入岩外接触带 2km 范围内。其中,3 处分布于西部唐舍复式岩体外围姚村—高村一带,成矿物质来源主要为寒武系荷塘组矿源层,矿脉就位受控于层间破碎带;1 处银多金属矿点产于马鞍山复式岩体南东侧围岩中,成矿物质来源于岩浆热液,矿脉形成受寒武系灰岩中层间破碎带控制。

(五)风化残余型矿(床)点

安吉县风化残余型矿(床)点共 9 处,主要为黏土矿,其次为高岭土、膨润土,规模不大,为矿点、矿化点,较为集中地分布于县域中部及北部。矿床主要由早白垩世火山-沉积岩系风化形成,故该类矿床与火山-沉积岩系密切相关。

(六)沉积型矿(床)点

安吉县沉积型矿(床)点共 6 处。其中,煤矿 2 处,产于县域东南部上墅乡、灵峰街道两地,矿床受寒武系—奥陶系地层控制,成矿与寒武系—奥陶系含煤沉积建造有关;石灰岩矿 4 处,产于县域北部,矿床由石炭系—二叠系灰岩形成。

三、主要矿产资源成因

根据《浙江仙霞—安吉地区矿产地质调查成果报告》(2018 年),按成矿地质作用、成矿物质来源、主要控矿地质条件,将区内矿床成因类型分为接触交代型、岩浆热液脉型、石英(细)

脉型、构造蚀变角砾岩型、风化残余型、沉积型。其中,接触交代型和岩浆热液脉型为区内主要矿床成因类型。

(一)接触交代型

接触交代型矿床由岩体与围岩接触交代作用形成,矿床几乎都分布于岩体与围岩接触带上。安吉县已知接触交代型矿床、矿(化)点主要分布于早白垩世唐舍岩体北部和东部外接触带、统里庄岩体北部外接触带、五山关岩体北部外接触带。赋矿围岩主要为南华系、震旦系和寒武系白云岩、灰岩、泥灰岩。矿种主要有铁矿、铜矿、钨钼矿、多金属矿、萤石矿、硫铁矿,含少量锌矿、汞矿、硼矿等,代表矿床有郎村钨钼多金属矿、港口铅锌银多金属矿。

(二)岩浆热液脉型

岩浆热液脉型矿床是指含矿岩浆热液在有利构造、岩石中经充填及交代作用使有用组分富集而形成的矿床,矿床产出主要受含矿岩体和断裂构造控制。安吉县已知岩浆热液脉型矿床、矿(化)点主要分布于早白垩世马鞍山岩体南东桐坑村-七管村断裂带沿线、唐舍岩体内外接触带、仙霞岩体北侧外接触带、五山关岩体北部外接触带。矿种主要有萤石矿、铜矿、铅锌矿、多金属矿、锑矿等,代表矿床有永和尖子坞萤石矿、章村萤石矿、高村锑矿。

(三)石英(细)脉型

含矿气液沿岩石裂隙沉淀形成细脉状、网脉状、浸染状矿脉,矿床多产于中深成侵入岩内和围岩中。安吉县已知石英(细)脉型矿床、矿(化)点共5处,分别为荷花塘钨矿、苦岭钨铍矿、素云村田坞钼矿、郎村铋矿、赵坞里银多金属矿,矿床均产于早白垩世细粒正长花岗岩与围岩接触带,并受内外接触带裂隙控制。

(四)构造蚀变角砾岩型

构造蚀变角砾岩型矿床指产于构造破碎带内,产出和形态严格受断裂构造控制的矿床。安吉县已知构造蚀变角砾岩型矿床、矿(化)点共3处,矿种为铜矿、银多金属矿。其中,铜矿(化)点位于安吉县西部姚村—高村一带,赋矿围岩为荷塘组碳硅质粉砂岩、泥质粉砂岩,矿床主要受荷塘组及层间破碎带控制;银多金属矿产于安吉县西北部金银洞,赋矿围岩为寒武系华严寺组—西阳山组灰岩、泥灰岩,矿体多呈脉状产出,受层间破碎带控制。

(五)其他矿床类型

前述4种成因矿床属内生矿床,安吉县外生矿床较少,主要为非金属矿床,可分为风化残余型矿床和沉积型矿床。

(1)风化残余型矿床:为陆地表层在风化作用下堆积形成的有用矿物集合体,且质和量均能满足工业要求。安吉县已知风化残余型矿床有黏土矿、高岭土、膨润土等矿床,非金属矿主要由上白垩统黄尖组火山碎屑岩风化形成,个别矿点由上奥陶统印渚埠组黏土质泥岩风化形成。

(2)沉积型矿床:包括地表岩矿石风化产物、有机残骸等,经沉积分异作用形成的矿床,矿床常具特定的地层层位,矿体多呈层状、似层状、透镜状。安吉县已知沉积型矿床共有6处,其中煤矿2处,石灰岩矿4处。煤矿产于志留系康山组中,石灰岩矿产于寒武系灰岩中。

第三节 水资源

一、水资源质量

(一)地表水质量

本书从安吉县水文站提供的2016—2020年27个监测站点462条水质分析数据中,选取46条取水测试数据(表3-3-1),采用国家标准《地表水环境质量标准》(GB 3838—2002),对安吉县地表水质量进行评价。

表3-3-1 安吉县地表水监测站点水质评价简表

序号	测站名称	溶解氧	高锰酸盐	五日生化需氧量	氨氮	总磷	水质分类（总氮不评）	采样时间（年-月-日）
1	天子岗水库		Ⅱ				Ⅱ	2020-2-27
2	老石坎水库		Ⅱ		Ⅱ		Ⅱ	2020-2-27
3	凤凰水库		Ⅱ				Ⅱ	2020-2-27
4	赋石水库		Ⅱ			Ⅱ	Ⅱ	2020-2-27
5	大河口水库		Ⅱ	Ⅰ		Ⅱ	Ⅱ	2017-1-4
6	晓墅					Ⅱ	Ⅱ	2016-12-1
7	武康		Ⅱ	Ⅲ	Ⅱ	Ⅱ	Ⅲ	2016-4-5
8	吴村	Ⅱ					Ⅱ	2016-12-1
9	钱坑桥			Ⅳ	Ⅱ		Ⅳ	2017-1-4
10	里沟		Ⅱ	Ⅰ			Ⅱ	2017-1-4
11	芝村		Ⅳ	Ⅲ		Ⅲ	Ⅳ	2017-1-4

续表 3-3-1

序号	测站名称	溶解氧	高锰酸盐	五日生化需氧量	氨氮	总磷	水质分类（总氮不评）	采样时间（年-月-日）
12	禹山坞桥		Ⅱ			Ⅱ	Ⅱ	2017-1-4
13	石马桥						Ⅰ	2017-1-4
14	华光桥		Ⅱ	Ⅲ	Ⅲ	Ⅱ	Ⅲ	2017-1-4
15	梅康桥						Ⅱ	2017-1-5
16	碧门虎溪口					Ⅱ	Ⅱ	2017-1-5
17	昌硕东桥		Ⅱ		Ⅱ		Ⅱ	2017-1-5
18	铜山桥							2017-1-5
19	白水湾大桥		Ⅱ				Ⅱ	2019-12-9
20	孝丰		Ⅱ		Ⅱ	Ⅱ	Ⅱ	2019-12-9
21	塘浦		Ⅱ	Ⅲ	Ⅱ		Ⅲ	2019-12-9
22	章村长潭						Ⅰ	2019-12-9
23	中村桥		Ⅱ				Ⅱ	2019-12-9
24	递铺			Ⅲ			Ⅲ	2019-12-10
25	溪港村		Ⅱ				Ⅱ	2019-12-10
26	上墅		Ⅱ		Ⅱ	Ⅱ	Ⅱ	2020-2-27
27	横塘村		Ⅱ		Ⅱ	Ⅱ	Ⅱ	2020-2-27

在总氮不评的情况下，各监测站点水质以Ⅰ～Ⅱ类水为主，局部为Ⅲ～Ⅳ类水，无Ⅴ类和劣Ⅴ类水。Ⅲ类水主要分布在西苕溪干流流域，Ⅳ类水主要分布在递铺溪流域支流及晓墅港流域支流。标识水质类别检测物主要为溶解氧、高锰酸盐、五日生化需氧量、氨氮和总磷5项。其中，天子岗水库、老石坎水库、凤凰水库、赋石水库、大河口水库、晓墅等（测站）饮用水水源地水质以Ⅱ类水为主，标识水质类别检测物主要为高锰酸盐和总磷。

（二）地下水质量

根据地下水含水层特征分析可知，安吉县境内地下水总体上，溶解性总固体（TDS）含量低于1.0g/L，水质为淡水，水化学类型以HCO_3-Ca、$HCO_3-Ca \cdot Na$型、$HCO_3 \cdot Cl-Ca \cdot Na$型、$HCO_3 \cdot SO_4-Ca \cdot Na$型为主。

使用12条工程孔中松散岩类孔隙水测试数据（表3-3-2）和2019年安吉县地下水质量监测专项项目的5条基岩裂隙水水质分析数据（表3-3-3），采用国家标准《地下水质量标准》(GB/T 14848—2017)，对安吉县地下水质量进行评价。

表 3－3－2　松散岩类孔隙水水质评价表

项目名称	单指标评价							综合评价	送样日期（年-月-日）
	pH	钠	氯化物	硫酸盐	硝酸盐	总硬度	溶解性固体总量		
安吉翰林府	I	I	I	I	I	I	I	I	2017－9－26
安吉翰林府	I	I	I	I	I	I	I	I	2017－9－26
安吉桐林村项目	I	I	I	I	I	I	I	I	2017－3－20
安吉桐林村项目	I	I	I	II	I	II	I	II	2017－3－20
2#联合厂房	I	I	I	II	II	II	I	II	2017－12－19
2#联合厂房	I	I	I	II	II	II	I	II	2017－12－19
大康家具	I	I	I	I	I	III	I	III	2020－4－24
大康家具	I	I	I	I	I	III	I	III	2020－4－24
天子湖安置区	I	I	I	II	II	II	I	II	2018－7－16
天子湖安置区	V	I	I	II	II	II	I	V	2018－7－16
安吉绿盛建材有限公司	I	I	I	IV	I	V	III	V	2021－8－16
安吉绿盛建材有限公司	I	I	I	IV	I	V	III	V	2021－8－16

表 3－3－3　基岩裂隙水水质评价表

项目	单位	ZK01（高家堂村）		ZK02（康山村）		ZK03（第二社区）		ZK04（良朋村）		ZK05（横山坞村）	
		含量	级别	含量	级别	含量	级别	含量	级别	含量	级别
铁	mg/L	0.14	II	0.44	IV	0.02	I	3.11	V	0.1	I
SO_4^{2-}	mg/L	25.4	I	50.2	II	32.8	I	8.1	I	61.6	II
Cl^-	mg/L	5.5	I	23.8	I	20.3	I	7.6	I	11.1	I
NO_3^-	mg/L	12.9	III	20.4	IV	<0.2	I	<0.2	I	3.2	II
NO_2^-	mg/L	0.016	II	0.026	II	<0.004	I	<0.004	I	0.38	III
F^-	mg/L	0.13	I	0.13	I	0.13	I	0.13	I	0.13	I
砷	mg/L	<0.004	III	<0.004	III	<0.004	III	<0.004	III	<0.004	III
锰	mg/L	0.1	III	0.05	I	0.64	IV	1.21	IV	0.4	IV
锌	mg/L	0.03	I	0.01	I	<0.01	I	0.08	II	0.02	I
碘	mg/L	<0.01	I	0.02	I	0.06	III	0.12	IV	0.02	I
镉	mg/L	<0.001	II	<0.001	II	<0.001	II	<0.001	II	<0.001	II
铅	mg/L	<0.001	I	<0.001	I	<0.001	I	<0.001	I	<0.001	I

续表 3-3-3

项目	单位	ZK01（高家堂村）		ZK02（康山村）		ZK03（第二社区）		ZK04（良朋村）		ZK05（横山坞村）	
		含量	级别	含量	级别	含量	级别	含量	级别	含量	级别
铜	mg/L	<0.005	Ⅰ	<0.005	Ⅰ	<0.005	Ⅰ	<0.005	Ⅰ	<0.005	Ⅰ
六价铬	mg/L	<0.01	Ⅱ	<0.01	Ⅱ	<0.01	Ⅱ	<0.01	Ⅱ	<0.01	Ⅱ
汞（总）	mg/L	<0.0001	Ⅰ	<0.0001	Ⅰ	<0.0001	Ⅰ	<0.0001	Ⅰ	<0.0001	Ⅰ
挥发酚	mg/L	<0.002	Ⅲ	<0.002	Ⅲ	<0.002	Ⅲ	<0.002	Ⅲ	<0.002	Ⅲ
氰化物	mg/L	<0.002	Ⅱ	<0.002	Ⅱ	<0.002	Ⅱ	<0.002	Ⅱ	<0.002	Ⅱ
溶解性总固体	mg/L	147	Ⅰ	311	Ⅱ	471	Ⅱ	380	Ⅱ	391	Ⅱ
化学耗氧量	mg/L	0.4	Ⅰ	0.5	Ⅰ	1.28	Ⅱ	1.1	Ⅱ	1	Ⅰ
总硬度	mg/L	62.6	Ⅰ	162	Ⅱ	245	Ⅱ	172	Ⅱ	125	Ⅱ
pH		6.5	Ⅰ	6.6	Ⅰ	7.54	Ⅰ	6.88	Ⅰ	7.59	Ⅰ
水质级别		Ⅲ		Ⅳ		Ⅳ		Ⅴ		Ⅳ	
最差水质类别标识物		NO_3^-、砷、锰、挥发酚		铁、NO_3^-		锰		铁		锰	

1. 松散岩类孔隙水

松散岩类孔隙水总体为Ⅰ~Ⅲ类水，水质类别标识物主要为总硬度、硝酸盐和硫酸盐；局部为Ⅴ类水，水质类别标识物主要为总硬度、pH，可知区内松散岩类孔隙水总硬度偏高。

2. 基岩裂隙水

基岩裂隙水总体为Ⅲ~Ⅴ类水，最差水质类别标识物为铁、锰、NO_3^-、砷、挥发酚，其中铁和锰为主要标识物。

受限于水质分析数据较少，且各类样品分析测试项目也不统一，较难进行对比分析。

3. 标识地表水质类别主要检测物样本统计

安吉县标识水质类别检测物主要有溶解氧、高锰酸盐、五日生化需氧量、氨氮和总磷5项，对27个监测站点462条水质分析数据这5项标识物进行样本统计（表3-3-4）。

（1）溶解氧标识水质类别时，水质类别最高为Ⅲ~Ⅳ类，占比为5.4%，无Ⅴ类和劣Ⅴ类标识。

（2）高锰酸盐标识水质类别时，水质类别最高为Ⅲ~Ⅳ类，占比为3.0%，无Ⅴ类及劣Ⅴ类标识。

表 3-3-4　安吉县地表水标识水质类别主要检测物样本统计表

项目名称	水质分类	样本数/件	样本占比/%	样本易出现月份	备注
溶解氧	Ⅲ~Ⅳ	25	5.4	5—10月	样本总数462件
溶解氧	Ⅱ	75	16.2		
溶解氧	Ⅰ	362	78.4		
高锰酸盐	Ⅲ~Ⅳ	14	3.0		
高锰酸盐	Ⅱ	243	52.6		
高锰酸盐	Ⅰ	205	44.4		
五日生化需氧量	Ⅴ	3	0.6	1—6月	
五日生化需氧量	Ⅲ~Ⅳ	47	10.2		
五日生化需氧量	Ⅰ	412	89.2		
氨氮	Ⅲ	4	0.9		
氨氮	Ⅱ	109	23.6		
氨氮	Ⅰ	349	75.5		
总磷	Ⅲ~劣Ⅴ	9	2.0		
总磷	Ⅱ	274	59.3		
总磷	Ⅰ	179	38.7		

（3）五日生化需氧量标识水质类别时，水质类别最高为Ⅴ类，但占比仅为0.6%，标识Ⅲ~Ⅳ类，占比为10.2%，无劣Ⅴ类标识。

（4）氨氮标识水质类别时，水质类别最高为Ⅲ类，但占比仅为0.9%，无Ⅳ类、Ⅴ类、劣Ⅴ类标识。

（5）总磷标识水质类别时，水质类别最高为Ⅲ~劣Ⅴ类，占比为2.0%。

由上述分析可知，区内在不考虑总氮的情况下，易成为水质类别标识物概率大小分别为五日生化需氧量、溶解氧、高锰酸盐、总磷。据统计，五日生化需氧量标识水质类别多出现在每年1—6月，溶解氧标识水质类别多出现在每年5—10月。

二、水资源量

（一）地表水资源量

据《2020年安吉县国民经济和社会发展统计公报》和《安吉县水利发展"十三五"规划》，安吉县多年（2012—2020年）平均年降水量为1 664.4mm（表3-3-5），地表水资源量年平均18.54亿t，平均年总用水量2.91亿t，单位面积地表水平均资源量98.0万t/km²，人均年地表水资源量3973t,是湖州市人均水资源量的2倍左右,是全国和浙江省人均水资源量的1.5倍左右。安吉县平均每亩耕地占有水资源量为3973m³,高于全国、浙江省和湖州市的平均数,地表水资源相对丰富。

表3-3-5 安吉县2012—2020年地表水资源量统计表

年份	人口数/万人	降水量/mm	地表水资源量/亿t	总用水量/亿t	人均地表水资源量/t
2012	45.95	1 602.0	19.69	2.92	4285
2013	46.18	1 306.0	13.37	2.87	2895
2014	46.38	1 449.0	15.47	2.84	3335
2015	46.41	1 728.0	19.25	2.89	4147
2016	46.61	2 003.4	22.31	2.90	4788
2017	46.85	1 512.4	16.85	2.92	3596
2018	47.07	1 861.4	20.73	2.93	4405
2019	47.22	1 706.2	19.00	2.94	4025
2020	47.32	1 810.9	20.17	2.95	4263
平均值	46.67	1 664.4	18.54	2.91	3973

注:2015—2020年地表水资源量和总用水量是根据历年降水量和人口数推算。

(二)地下水资源量

本书分别采用大气降水渗入法对安吉县进行地下水天然资源量评价,计算公式为

$$Q_天 = 渗入系数 \times 面积 \times 降水量 \tag{3-3-1}$$

1. 参数选取

(1)渗入系数:浙江省地质局于1983年完成了《1:20万临安幅、建德幅水文地质调查报告》,在充分研究松散岩类密实程度、孔隙度、富水性、基岩岩性和节理裂隙发育程度的前提下,对区内各类岩土体渗入系数进行取值,据此计算的地下水天然资源量与其他方法计算的资源量较接近。因此,上式渗入系数沿用《1:20万临安幅、建德幅水文地质调查报告》中的取值。即河谷平原渗入系数取0.15,冲海积平原渗入系数取0.14,白垩系红层渗入系数取0.06,石炭系、二叠系灰岩渗入系数取0.1,寒武系、震旦系灰岩渗入系数取0.08,花岗岩类渗入系数取0.04,泥岩、砂砾岩、凝灰岩等渗入系数取0.015。

(2)面积:为增加资源量计算准确性及适用性,采用单位面积法(1km²)进行计算,然后进行汇总。

(3)降水量:本书收集安吉县49个监测站点2017—2019年降水量数据,计算平均降水量(表3-3-6),取步长100mm等值线中值。

表 3 - 3 - 6 安吉县 2017—2019 年平均降水量统计表 单位：mm

序号	站点	降水量			
		2017 年	2018 年	2019 年	平均降水量
1	大竹	23.10	1 702.00	1 761.80	1 162.30
2	鲁家	—	323.10	1 663.00	993.05
3	磻溪	22.70	1 619.60	1 361.70	1 001.33
4	深溪	40.20	2 196.10	2 223.50	1 486.60
5	石岭	1 528.80	2 074.10	2 024.50	1 875.80
6	马家村	422.20	1 675.90	1 672.40	1 256.83
7	大溪	1 632.10	2 072.20	2 260.00	1 988.10
8	大竹园	21.30	1 765.30	1 884.10	1 223.57
9	双一	1 347.10	1 792.90	1 686.10	1 608.70
10	昆铜	1 413.70	1 929.20	1 678.60	1 673.83
11	郎村	1 491.70	1 727.20	1 962.70	1 727.20
12	孝丰	1 513.80	1 663.00	1 780.90	1 652.57
13	山川	1 611.60	1 809.70	2 016.10	1 812.47
14	鄣吴	1 521.80	1 539.10	1 834.50	1 631.80
15	晓云	1 249.10	1 498.10	1 620.70	1 455.97
16	上墅	1 613.40	1 915.40	2 135.10	1 887.97
17	桐杭	1 431.70	1 756.10	2 076.00	1 754.60
18	草荡水库	1 235.10	1 329.60	1 525.30	1 363.33
19	梅村边	20.20	1 536.20	1 848.90	1 135.10
20	梅溪	1 184.60	1 472.90	1 435.50	1 364.33
21	乌泥坑	20.90	1 539.70	1 777.70	1 112.77
22	剑山	22.00	2 005.20	1 822.90	1 283.37
23	西亩	21.70	1 613.70	1 738.50	1 124.63
24	枣园	—	371.20	1 804.00	1 087.60
25	高庄	497.80	1 438.70	1 502.50	1 146.33
26	七管	25.00	1 711.90	1 972.80	1 236.57
27	东山垓	21.90	1 581.30	1 701.50	1 101.57
28	钱坑桥	23.60	1 727.50	1 747.20	1 166.10
29	云上草原	—	—	1 174.90	1 174.90
30	章村	1 518.70	1 595.20	1 916.20	1 676.70

续表 3－3－6

序号	站点	降水量			
		2017 年	2018 年	2019 年	平均降水量
31	城市站	1 562.60	1 933.50	1 833.50	1 776.53
32	徐村湾	20.00	1 561.40	1 550.50	1 043.97
33	石鹰	1 478.80	1 855.90	1 784.70	1 706.47
34	余村	437.40	1 910.60	2 234.00	1 527.33
35	安吉	1 512.30	1 823.60	1 705.60	1 680.50
36	皈山	1 400.60	1 559.90	1 735.90	1 565.47
37	康山	1 363.90	1 283.60	1 695.50	1 447.67
38	溪龙	1 432.70	1 824.00	1 589.70	1 615.47
39	天荒坪	1 469.80	2 579.50	2 381.50	2 143.60
40	报福	1 773.00	1 957.80	2 106.00	1 945.60
41	赤坞	1 387.60	1 698.80	1 693.50	1 593.30
42	河垓	1 703.00	1 957.20	2 007.50	1 889.23
43	上堡	23.10	1 662.00	1 939.60	1 208.23
44	杭垓	1 415.80	1 700.00	1 856.20	1 657.33
45	港口	1 734.70	1 757.20	1 746.30	1 746.07
46	罗村	1 636.70	1 848.40	2 085.30	1 856.80
47	姚村	24.70	1 776.30	2 048.80	1 283.27
48	高禹	1 222.40	1 380.50	1 575.70	1 392.87
49	孝源林场	18.00	1 541.10	1 682.60	1 080.57

2. 地下水天然资源量

(1)单位天然资源量：对安吉县单位天然资源量（$Q_天$）进行分区（图 3－3－1）。其中，$Q_天 \leqslant 2.0$ 万 $t/(a \cdot km^2)$，约 353 km^2；2.0 万 $t/(a \cdot km^2) < Q_天 \leqslant 5.0$ 万 $t/(a \cdot km^2)$，约 671 km^2；5.0 $< Q_天 \leqslant 10.0$ 万 $t/(a \cdot km^2)$，约 270 km^2；$Q_天 > 10.0$ 万 $t/(a \cdot km^2)$，约 592 km^2。

(2)总天然资源量：经计算，安吉县地下水天然资源量合计 149.23×10^6 t/a（表 3－3－7），松散岩类孔隙水地下水资源量为 86.92×10^6 t/a，基岩裂隙(溶洞)水地下水资源量为 62.31×10^6 t/a。其中，递铺街道地下水资源量为 22.59×10^6 t/a，昌硕街道地下水资源量为 7.27×10^6 t/a，灵峰街道地下水资源量为 5.14×10^6 t/a，孝源街道地下水资源量为 2.06×10^6 t/a，梅溪镇地下水资源量为 18.46×10^6 t/a，天子湖镇地下水资源量为 21.31×10^6 t/a，天荒坪镇地下水资源量为 9.03×10^6 t/a，鄣吴镇地下水资源量为 2.72×10^6 t/a，杭垓镇地下水资源量为 19.00×10^6 t/a，孝丰镇地下水资源量为 11.65×10^6 t/a，报福镇地下水资源量为 9.24×10^6 t/a，章村镇地下水资源量为 8.68×10^6 t/a,溪龙乡地下水资源量为 3.42×10^6 t/a,上墅乡地下水资源量为 6.67×10^6 t/a,山川乡地下水资源量为 1.99×10^6 t/a。

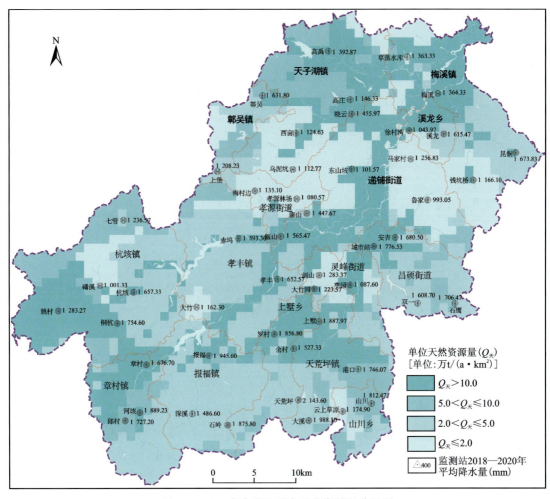

图 3-3-1　安吉县地下水天然资源量分区图

表 3-3-7　安吉县地下水天然资源量(大气降水渗入法)一览表　　　单位:$\times 10^6$ t/a

行政区划	松散岩类孔隙水	基岩裂隙(溶洞)水	小计
递铺街道	19.68	2.91	22.59
昌硕街道	4.82	2.45	7.27
灵峰街道	4.06	1.08	5.14
孝源街道	1.12	0.94	2.06
梅溪镇	15.51	2.95	18.46
天子湖镇	14.95	6.36	21.31
天荒坪镇	1.68	7.35	9.03

续表 3-3-7

行政区划	松散岩类孔隙水	基岩裂隙(溶洞)水	小计
鄣吴镇	1.03	1.69	2.72
杭垓镇	3.62	15.38	19.00
孝丰镇	7.44	4.21	11.65
报福镇	5.23	4.01	9.24
章村镇	1.59	7.09	8.68
溪龙乡	3.09	0.33	3.42
上墅乡	2.89	3.78	6.67
山川乡	0.22	1.77	1.99
总计	86.92	62.31	149.23

第四节　富硒土地资源

一、富硒土壤

根据中国地质调查局《土地质量地球化学评价规范》(DZ/T 0295—2016)相关要求,本书依据 2017—2019 年安吉县 1∶5 万土地质量地质调查样品测试数据,对安吉县表层土壤硒分布状况进行了评价,评价结果见图 3-4-1。

由图 3-4-1 可知,安吉县无硒过剩土壤分布,硒含量等级高的土地面积为 97.20km^2,占比为 30.22%。安吉县分布有较大面积的富硒土壤,主要分布在杭垓镇南部、上墅乡、章村镇北部、天荒坪镇梅溪镇及其周边地区,其中梅溪镇到递铺街道、上墅乡、天荒坪镇和章村镇分布相对较集中,可利用程度较高。

根据安吉县富硒土壤分布图,可将安吉县富硒土壤划分为递铺-溪龙-梅溪、上墅-天荒坪、杭垓-章村三大区块。其中,递铺-溪龙-梅溪区块主要岩性为志留系砂岩、粉砂岩等,部分区域被第四系覆盖,土壤环境质量较好,极少分布重金属超标土壤,属清洁富硒土地。上墅-天荒坪区块与杭垓-章村区块主要岩性为寒武系灰岩、泥质灰岩、碳质页岩、硅质泥岩等,岩石中重金属含量较高,导致土壤中重金属(尤其是 Cd)含量也较高,土壤环境质量相对较差。在后期进行富硒土壤开发时,需考虑重金属元素的影响,对土壤以及农产品中重金属含量进行动态监测,综合评价土壤质量,并根据评价结果及时开展土壤修复,确保土壤中重金属含量控制在安全范围内。

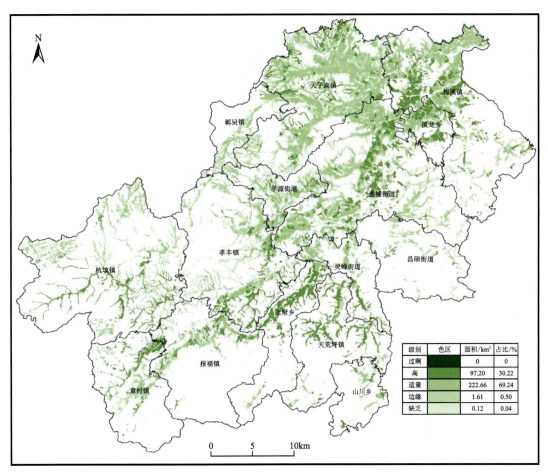

图 3-4-1　安吉县富硒土壤分布图

二、富硒农产品

(一)稻谷富硒情况

根据《安吉县1∶5万土地质量地质调查成果报告》(2019年)中44件水稻样品硒元素测试数据(表3-4-1),参考《富硒稻谷》(GB/T 22499—2008),本书对安吉县稻谷富硒情况进行了初步评价。44件稻米样品中有33件达到富硒标准(≥0.04mg/kg),富硒率达75%。但是富硒稻谷在安吉县范围内分布较为分散,各个乡镇(街道)均有分布。富硒土壤样品(≥0.04mg/kg)中有14件富硒稻谷,其余富硒稻谷样品主要分布在硒含量适量的土壤中,未与富硒土壤呈一一对应关系,说明富硒稻谷中硒元素并不一定来源于土壤,可能与人工施肥有关,也可能与稻谷品种有关,不同种类稻谷对土壤中硒元素的吸收能力不同。

表 3-4-1　安吉县稻谷中的硒含量统计表

农产品	样品数/件	平均值/mg·kg^{-1}	极大值/mg·kg^{-1}	极小值/mg·kg^{-1}	富硒样品数/件	富硒率/%
稻谷	44	0.067	0.22	0.029	33	75.00

(二)特色农产品富硒情况

安吉县特色农产品以竹笋和茶叶最为著名。本书根据部分竹笋(0.01~0.9mg/kg)、茶叶(0.05~5.00mg/kg)的硒含量数据,参考《中国富硒食品硒含量分类标准》(HB 001/T—2013),对安吉县特色农产品富硒情况进行了评价。评价结果表明,竹笋和茶叶样品分别有4件、2件达到了富硒标准,富硒率分别为40%和50%(表3-4-2)。

安吉县富硒稻谷分布图(图3-4-2)显示,安吉县富硒水稻主要分布在梅溪镇、天子湖镇、递铺街道、上墅乡和天荒坪镇。综上所述,安吉县水稻富硒率相对较高,水稻富硒与土壤富硒有一定的相关性;竹笋和茶叶中富硒率较高,也与土壤富硒有一定的相关性。

表 3-4-2　安吉县特色农产品硒含量统计表

农产品	样品数/件	平均值/mg·kg^{-1}	极大值/mg·kg^{-1}	极小值/mg·kg^{-1}	富硒样品数/件	富硒率/%
竹笋	10	0.013	0.040 7	0.004 1	4	40
茶叶	4	0.059	0.074	0.042	2	50

三、富硒土壤开发利用建议

为便于富硒资源整体开发利用,根据富硒土壤分布情况,结合富硒农产品分布、种植现状和土壤环境质量评价结果,本书以土地连片性为原则,按可开发条件,将安吉县富硒土壤划分为4个区块(图3-4-2),对每个区块的基本情况和开发建议进行了总结。

递铺梅溪富硒区:富硒土壤面积达35 651亩(1亩≈666.67m^2),总体环境质量清洁,土壤类型以潴育型和渗育型水稻土为主,土地利用类型以水田、林地、园地为主,水稻、茶叶和竹笋样品发现富硒,发展富硒农产品产业潜力较好,建议优先开发富硒水稻和富硒茶叶产品。

上墅富硒区:富硒土壤面积10 984亩,总体环境质量清洁,土壤类型以潴育型水稻土为主,水稻富硒,建议扩大富硒水稻种植面积。

天荒坪灵峰富硒区:富硒土壤面积4224亩,总体环境质量清洁,土壤类型主要为黄红壤和潴育型水稻土,建议发展富硒水稻、富硒竹笋和蔬菜类。

章村富硒区:富硒土壤面积4433亩,总体环境质量清洁,土壤类型以黄红壤为主。该区块主要位于低山丘陵区,建议发展富硒山核桃和蔬菜类种植业。

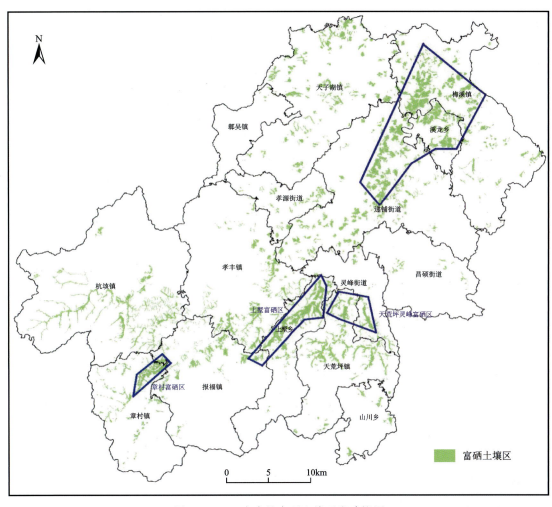

图 3-4-2 安吉县富硒土壤开发建议图

第五节 地质碳汇估算

一、土壤圈-土壤碳汇估算

作为气候变化的风向标,碳收支的动态变化已经成为全球变化研究的核心内容之一,而土壤碳库的收支对大气中温室气体的浓度以及全球气候变化有重大影响,因此土壤碳库收支在调控地球表层生态系统碳平衡和减缓温室气体方面具有重要作用[50]。

农田土壤碳库是陆地生态系统碳库的重要组成部分,由于受到人类活动的强烈影响,农田土壤有机碳库的研究一直是碳循环研究的热点，同时也是全球变化、温室气体减排和粮食安全等问题研究的核心内容之一，在固碳减排目标驱使下，农田土壤固碳潜力研究得到了科学界的空前关注[51]。在我国土壤资源同时面临保障粮食安全、发挥生态系统服务功能和应对气候变化等多重挑战的背景下，准确把握中国农田土壤固碳潜力及速率，对实现土壤资源合理利用和农业可持续发展具有重要意义[52]。

安吉县全域完整的土地质量地球化学调查主要有3次，第一次为2006—2008年实施的浙江省安吉县农业地质环境调查，第二次为2016—2017年实施的浙西北1∶25万多目标区域地球化学调查，第三次为2017—2019年实施的安吉县1∶5万土地质量地质调查。因第三次调查未开展土壤碳的测试工作，本书在进行耕地土壤碳汇计算中主要利用第一次与第二次调查的有机碳（SOC）实测数据，分别计算两个时期的土壤碳储量，通过差减计算变化速率，利用平衡法（饱和值法）估算碳汇潜力。

（一）安吉县耕地土壤有机碳含量特征

利用2016—2017年实施的"浙西北1∶25万多目标区域地球化学调查"项目数据，分析安吉县土壤碳库现状，安吉县共有476条土壤点位有机碳含量测试数据，有机碳含量范围在0.53%～5.58%之间，平均值范围为1.50%～4.11%。不同土壤类型耕地中有机碳含量特征见表3-5-1，侵蚀型黄壤有机碳含量最高，为4.11%；其次为黄壤，为3.81%；潴育型水稻土中有机碳含量平均值最低，为1.50%。各类土壤的有机碳含量变异系数差异不大。

表3-5-1 安吉县不同土壤类型耕地中有机碳含量一览表

土壤类型	平均值/%	最大值/%	最小值/%	标准差/%	变异系数
潴育型水稻土	1.50	4.35	0.68	0.31	0.21
黄红壤	1.64	5.04	0.53	0.53	0.32
黄壤	3.81	5.58	2.33	0.59	0.15
侵蚀型红壤	1.75	5.03	0.94	0.40	0.23
侵蚀型黄壤	4.11	5.54	2.52	0.57	0.14
红壤	1.82	2.98	1.13	0.40	0.22
石灰岩土	2.36	3.50	1.63	0.57	0.24
潮土	1.60	2.52	0.77	0.31	0.19

（二）安吉县耕地土壤有机碳密度

安吉县0～20cm有机碳密度变化范围在1.42～11.75 kg/m^{2}之间（表3-5-2），总体平均值为4.01 kg/m^2。从土壤类型分析，潴育型水稻土有机碳密度最低，而黄壤和侵蚀型黄壤有机碳密度较高。黄壤一般分布在800～1600m的中低山，多分布原始落叶阔叶林，长期的落叶导致土壤有机碳含量增加,且随着地表径流输入周边低海拔的农田。

表3-5-2　安吉县不同土壤类型耕地中有机碳密度一览表

土壤类型	平均值/kg·m⁻²	最大值/kg·m⁻²	最小值/kg·m⁻²	标准差/kg·m⁻²	变异系数
潴育型水稻土	3.83	9.72	1.82	0.72	0.188 8
黄红壤	4.13	10.89	1.42	1.17	0.283 3
黄壤	8.71	11.75	5.74	1.09	0.124 8
侵蚀型红壤	4.42	10.87	2.47	0.89	0.200 4
侵蚀型黄壤	9.27	11.69	6.15	1.04	0.112 7
红壤	4.57	7.12	2.94	0.90	0.197 4
石灰岩土	5.77	8.14	4.15	1.23	0.212 4
潮土	4.07	6.15	2.05	0.71	0.174 4
安吉县耕地	4.01	11.75	1.42	—	—

从耕地类型看,各土地利用类型有机碳密度差异不大,旱地表层土壤有机碳密度略高于水田类型(表3-5-3)。

表3-5-3　安吉县不同地类有机碳密度　　　　　　　　　　　　　单位:kg/m²

地类	现状耕地		安吉县耕地
	水田	旱地	
密度	3.98	4.07	4.01

(三)安吉县耕地表层土壤碳储量

1. 按土壤类型统计

安吉县耕地表层土壤有机碳储量为1 283.74Gg(1Gg=1×10⁹g)。不同土壤类型面积及其有机碳储量见表3-5-4和图3-5-1,水稻土类(潴育型水稻土)所占面积为61.95km²,其有机碳储量最高,高达907.26Gg,位居各土壤类型之首,占总储量的70.67%;黄红壤所占面积为891.4km²,有机碳储量为262.89Gg,位居第二,占总储量的20.48%;其他土壤类型因面积较小,储量总和只有113.59Gg,占比8.85%。

表3-5-4　安吉县不同土壤类型有机碳储量

土壤类型	有机碳储量/Gg	占比/%
潴育型水稻土	907.26	70.67
黄红壤	262.89	20.48

续表 3-5-4

土壤类型	有机碳储量/Gg	占比/%
黄壤	6.55	0.51
侵蚀型红壤	60.97	4.75
侵蚀型黄壤	11.33	0.88
红壤	16.41	1.28
石灰岩土	3.85	0.30
潮土	14.48	1.13

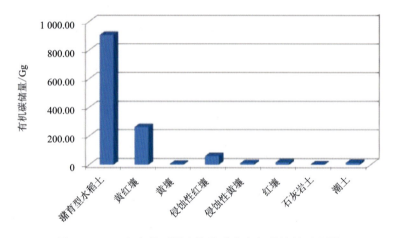

图 3-5-1 安吉县不同土壤类型中有机碳储量对比图

2. 根据行政区统计

不同乡镇（街道）有机碳储量统计情况见表 3-5-5 和图 3-5-2。从表中可知，天子湖镇有机碳储量最高，达 259.48Gg，其次为递铺街道和梅溪镇，分别为 219.55Gg、214.19Gg，杭垓镇和孝丰镇有机碳储量也相对较高，分别为 113.64Gg、103.41Gg。上述乡镇（街道）有机碳储量之和占总储量的 70.91%，其余乡镇（街道）有机碳储量之和占总储量的 29.09%。

表 3-5-5 安吉县不同乡镇（街道）中有机碳储量一览表　　　单位：Gg

乡镇	有机碳储量	乡镇	有机碳储量	乡镇	有机碳储量
报福镇	53.37	鄣吴镇	32.01	孝源街道	37.21
灵峰街道	35.13	章村镇	51.80	杭垓镇	113.64
天荒坪镇	49.15	山川乡	15.73	天子湖镇	259.48
递铺街道	219.55	梅溪镇	214.19	溪龙乡	38.99
孝丰镇	103.41	昌硕街道	14.23	上墅乡	45.85

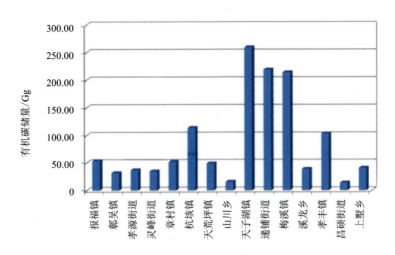

图 3-5-2 安吉县不同乡镇(街道)中有机碳储量对比图

(四)安吉县耕地表层土壤碳储量变化及固碳速率

本书对第一次调查(2006—2008 年)和第二次调查(2016—2017 年)两批次土壤碳调查数据进行定量分析。安吉县不同土壤类型 2006—2016 年土壤有机碳密度、储量变化及固碳速率见表 3-5-6。

表 3-5-6 安吉县 2006—2016 年不同土壤类型中有机碳密度、储量变化及固碳速率一览表

土壤类型	有机碳密度/kg·m^{-2}		有机碳储量/Gg		储量变化/Gg	固碳速率/ t·km^{-2}·a^{-1})
	第一次	第二次	第一次	第二次		
潴育型水稻土	3.62	3.83	856.34	907.26	50.92	21
黄红壤	3.70	4.13	234.65	262.89	28.24	43
黄壤	5.95	8.71	4.13	6.55	2.42	276
侵蚀型红壤	3.90	4.42	54.07	60.97	6.90	52
侵蚀型黄壤	6.26	9.27	7.83	11.33	3.50	301
红壤	3.60	4.57	12.89	16.41	3.52	97
石灰岩土	4.77	5.77	3.33	3.85	0.52	100
潮土	3.44	4.07	12.28	14.48	2.20	63

由表 3-5-6 可知,两轮土壤调查中,潴育型水稻土和黄红壤中有机碳储量变化较大,分别为 50.92Gg、28.24Gg;石灰岩土中有机碳储量变化最小,为 0.52Gg。侵蚀型黄壤和黄壤的固碳速率较大,分别为 301t/(km^2·a)、276t/(km^2·a);潴育型水稻土的固碳速率最小,为 21t/(km^2·a)。

(五)安吉县耕地表层土壤固碳潜力

将 $SOCD_{intial}$ 作为因变量(横坐标 x),将 $SOCD_{present-intial}$ 作为因变量(纵坐标 y),利用 Excel 软件进行一元线性回归分析。根据回归分析,得出回归方程:$y=-0.46x+2.01$。当 $y=0$,即 $SOCD_{present-intial}=0$ 时,$x=4.37$,即土壤有机碳达到饱和时,$SOCD_{max}=4.37$。

根据公式计算,得到安吉县耕地表层土壤固碳潜力为 12.78 万 t,相当于 46.86 万 t CO_2。

二、岩石圈-岩石碳汇估算

研究表明,大陆岩石风化(碳酸盐岩与硅酸盐岩)是陆地生态系统的重要碳汇,在全球海陆间碳循环中占据重要位置[53-55]。岩石风化是自然背景下地球吸收大气 CO_2 的过程。大气 CO_2 在表生环境与岩石中矿物发生反应转化为碳酸氢根离子,最终输入到海洋沉积为碳酸盐,从而固定在岩石圈中[55]。安吉县基岩出露面积较大,在短时间尺度上,所有岩石风化作用对大气 CO_2 消耗量都不可忽视。本书拟对安吉县岩石风化碳汇率进行估算,初步探讨流域尺度上地质调查对"双碳"目标实现的积极影响。

由岩石风化作用引起的大气 CO_2 消耗量可以通过河流的主要离子通量来估算。研究指出[56],河水中各种离子主要有 5 个端元,分别为大气输入、人类活动、碳酸盐岩风化、硅酸盐岩风化以及蒸发岩风化。溶质元素的质量平衡等式为[56]

$$c(x)_r = c(x)_{at} + c(x)_{an} + c(x)_c + c(x)_s + c(x)_e \quad (3-5-1)$$

式中:$c(x)_r$ 为河水中离子浓度;$c(x)_{at}$、$c(x)_{an}$、$c(x)_c$、$c(x)_s$、$c(x)_e$ 分别为大气输入、人类活动、碳酸盐岩风化、硅酸盐岩风化和蒸发岩风化 5 个端元离子浓度。离子主要有 Ca^{2+}、K^+、Mg^{2+}、Na^+、Cl^-、SO_4^{2-}。

河水中离子端元复杂,不同端元的离子浓度难以确定,本书选择远离人类活动且岩性单一的流域开展估算,同时忽略蒸发岩端元影响。

对于碳酸盐岩流域,式(3-5-1)可简化为

$$c(x)_r = c(x)_{at} + c(x)_c \quad (3-5-2)$$

对于硅酸盐岩流域,式(3-5-1)可简化为

$$c(x)_r = c(x)_{at} + c(x)_s \quad (3-5-3)$$

因此,估算只需考虑大气输入对河水中离子浓度的影响,扣除大气输入的离子浓度,即可分别确定碳酸盐岩和硅酸盐岩端元的离子浓度。大气输入可通过雨水中离子浓度进行确定。

碳酸盐岩风化端元与硅酸盐岩风化端元 CO_2 消耗通量(mol/a)计算公式分别为

$$\phi_c = [c(Ca^{2+})_c + c(Mg^{2+})_c]Q_a \quad (3-5-4)$$

$$\phi_s = [c(Ca^{2+})_s + c(K^+)_s + 2c(Na^+)_s + 2c(Mg^{2+})_s]Q_a \quad (3-5-5)$$

式中:ϕ_c 为碳酸盐岩风化端元 CO_2 消耗通量;ϕ_s 为硅酸盐岩风化端元 CO_2 消耗通量;Q_a 为年平均径流量。

基于以上方法,本书选择章村镇南部和杭垓镇西部开展岩石风化碳汇估算,两个试点区均远离人类活动且岩性单一。章村镇南部主要出露白垩系火山碎屑岩,划为硅酸盐岩流域;杭垓镇西部主要出露寒武系碳酸盐岩和少量泥页岩等,由于杭垓镇西部以碳酸盐岩为主,因此将其划为碳酸盐岩流域。本次分别在两个流域内的水系交汇处采集了溪水样品,测定 K^+、Na^+、Ca^{2+}、Mg^{2+}、CO_3^{2-}、SO_4^{2-}、Cl^-、NO_3^-、pH 等指标(表3-5-7)。

表3-5-7 不同流域溪水样品各离子浓度一览表

采样位置	样品编号	K^+ mg/L	Na^+ mg/L	Ca^{2+} mg/L	Mg^{2+} mg/L	CO_3^{2-} mg/L	SO_4^{2-} mg/L	Cl^- mg/L	NO_3^- mg/L	pH
章村长潭	AJTHW01-1	0.59	2.04	3.16	0.41	—	3.6	0.66	5.22	7.17
章村长潭	AJTHW01-2	0.58	1.96	3.12	0.40	—	3.7	0.66	5.33	7.14
杭垓吴村	AJTHW02-1	1.20	1.60	37.40	4.58	2.9	18.0	1.40	2.44	8.64
杭垓吴村	AJTHW02-2	1.16	1.56	37.40	4.58	3.8	17.9	1.20	2.37	8.70

为确定大气降水中各离子浓度,本书收集了安吉县2019年的大气降水数据(表3-5-8)。

表3-5-8 大气降水中各离子浓度一览表(2019年)

月份	降水量 mm	SO_4^{2-} mg/L	NO_3^- mg/L	Cl^- mg/L	NH_4^+ mg/L	Ca^{2+} mg/L	Mg^{2+} mg/L	Na^+ mg/L	K^+ mg/L	F^- mg/L
1月	61.3	3.00	1.20	0.897	1.78	0.05	0.023	0.06	0.025	0.05
2月	168.0	1.78	0.984	0.39	1.1	0.21	0.017	0.13	0.15	0.025
3月	81.5	3.24	0.419	0.415	1.18	0.12	0.002	0.06	0.014	0.025
4月	70.6	1.64	0.991	0.637	1.24	0.78	0.322	0.06	0.06	0.025
5月	130.5	2.44	0.434	0.247	0.58	0.07	0.002	0.06	0.025	0.025
6月	235.5	0.734	0.211	0.252	0.64	0.24	0.002	0.06	0.025	0.025
7月	204.3	4.32	1.07	2.32	0.64	0.14	0.002	0.06	0.025	0.025
8月	230.9	0.738	0.182	0.41	0.933	0.39	0.012	0.06	0.025	0.025
9月	140.8	2.67	0.223	1.12	0.362	0.21	0.002	0.06	0.025	0.025
10月	18.6	12.9	4.42	5.02	0.95	1.17	0.721	0.12	0.19	0.025
11月	35.0	4.37	1.18	1.99	1.45	2.09	1.04	0.19	0.37	0.06
12月	108.0	6.32	8.13	4.04	1.55	1.99	1.02	0.13	0.21	0.025
平均值	123.75	3.68	1.62	1.48	1.07	0.62	0.26	0.09	0.10	0.03

根据表3-5-8、表3-5-9及式(3-5-2)和式(3-5-3),将参数进行相应赋值,$c(x)_r$代表溪水中的离子实测浓度,$c(x)_{at}$代表2019年大气降水中的离子浓度,$c(x)_c$、$c(x)_s$分别代表碳酸盐岩风化端元和硅酸盐岩风化端元的离子浓度,得到如表3-5-9所示的结果。

表 3-5-9　各端元离子浓度一览表　　　　　　　　　　　　　单位：mg/L

端元	章村长潭				杭垓吴村			
	Ca^{2+}	Mg^{2+}	Na^+	K^+	Ca^{2+}	Mg^{2+}	Na^+	K^+
溪水 $c(x)_r$	3.14	0.41	2.00	0.59	37.40	4.58	1.58	1.18
大气降水 $c(x)_{at}$	0.62	0.26	0.09	0.10	0.62	0.26	0.09	0.10
碳酸盐岩 $c(x)_c$	—	—	—	—	36.78	4.32	1.49	1.08
硅酸盐岩 $c(x)_s$	2.52	0.15	1.91	0.49	—	—	—	—

根据收集的地表水质监测点数据，章村长潭监测点地表水平均流量为 $0.016 m^3/s$，年平均径流量 $Q_a = 0.016 \times 365 \times 24 \times 60 \times 60 = 504\ 576\ m^3$；杭垓吴村监测点地表水平均流量为 $3.64\ m^3/s$，年平均径流量 $Q_a = 3.64 \times 365 \times 24 \times 60 \times 60 = 114\ 791\ 040\ m^3$。

由式(3-5-4)和式(3-5-5)分别计算出碳酸盐岩流域与硅酸盐岩流域 CO_2 消耗通量(单位：mol/a)。

$$\phi_c = [c(Ca^{2+})_c + c(Mg^{2+})_c] Q_a = (36.78 \times 10^{-3} \div 40 + 4.32 \times 10^{-3} \div 24) \times 114\ 791\ 040 \times 1000$$
$$= 126\ 212\ 748.5 (mol/a) = 5\ 553.36 (t/a)$$

$$\phi_s = [c(Ca^{2+})_s + c(K^+)_s + 2c(Na^+)_s + 2c(Mg^{2+})_s] Q_a$$
$$= (2.52 \times 10^{-3} \div 40 + 0.49 \times 10^{-3} \div 39 + 2 \times 1.91 \times 10^{-3} \div 23 + 2 \times 0.51 \times 10^{-3} \div 24) \times$$
$$504\ 576 \times 1000$$
$$= 143\ 375.8 (mol/a) = 6.31 (t/a)$$

由以上计算可知，碳酸盐岩流域 CO_2 消耗通量为 $= 5\ 553.36\ t/a$，硅酸盐岩流域 CO_2 消耗通量为 $6.31\ t/a$。

第四章 生态指数动态变化特征

第一节 生态指数动态变化规律

本书旨在对 1992—2019 年间安吉县的生态环境进行对比,因研究年限较长,故使用连续性较好的 Landsat 系列数据进行研究。提取 1992 年、2002 年、2007 年、2012 年、2016 年和 2019 年 6 个时段安吉县域总初级生产力(gross primary productivity,简称 GPP)、叶面积指数(leaf area index,简称 LAI)、光合有效辐射分量(fraction of photosynthetically active radiation,简称 FPAR)、归一化植被指数(normalized difference vegetation index,简称 NDVI)、土壤湿度等生态指数信息,用于研究生态地质因子时空变化特征和演变趋势。

一、总初级生产力

总初级生产力是指在单位时间和单位面积上,绿色植物通过光合作用所产生的全部有机物的同化量。该指数是生态系统碳循环的基础,也是衡量植被固碳释氧能力的重要指标。国内外很多学者致力于 GPP 的研究,传统的模型主要是气候统计模型(经验模型)和过程模型(机理模型、生物地球化学模型)。其中,气候统计模型利用气候因子与生产力的相关关系建立统计回归模型;过程模型具备严谨的植物生理理论结构,对植物的冠层光合作用、生长呼吸、水分散失等进行模拟得到生产力计算模型,如 TEM 模型、BGC 模型等[57-59]。本书通过获取 MODIS 数据产品 MOD17A2,并对数据进行获取处理计算。该数据计算方法主要是基于光能利用率模型(VPM 模型)估算区域数据。

2002—2019 年安吉县 GPP 年均值空间分布如图 4-1-1 所示。表 4-1-1 为 2002—2019 年间安吉县 GPP 年均值的空间分布统计情况。据统计资料,2002—2019 年间安吉县 GPP 年均值主要变化范围为 30~50gC/(m²·a),最高值为 60gC/(m²·a),最低值为 0,平均值为 38.85gC/(m²·a)。安吉县 GPP 年均值空间分布和统计结果显示,GPP 年均值在 0~30gC/(m²·a)的区域占县域总面积的 11.71%,主要为中心城区建设用地区域及水体。GPP 年均值在 30~40gC/(m²·a)的区域占县域总面积的 42.58%,主要分布于北部耕地。GPP

年均值在40～60gC/(m²·a)的区域占县域总面积的45.71%,主要分布在周边山区。总之,越靠近中心城区的区域,在城市向外扩张过程中,植被首先被建筑用地替代,植被覆盖度下降速率越快,GPP年均值也越小;距中心城区越远的区域,植被受人为干扰较小,GPP年均值也相对较大。

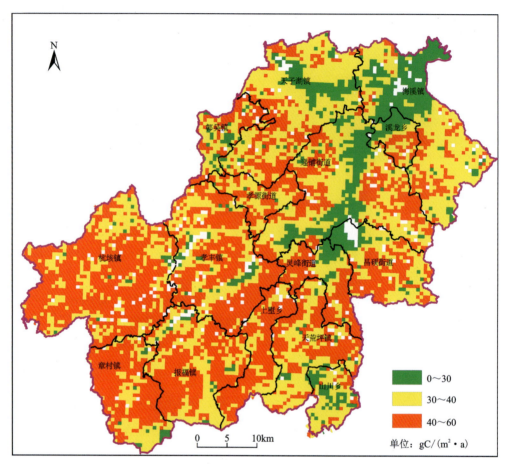

图 4-1-1　2002—2019 年安吉县 GPP 年均值空间分布图

表 4-1-1　2002—2019 年安吉县 GPP 年均值统计表

GPP 年均值/gC·m^{-2}·a^{-1}	面积/km²	占比/%
0～30	220.86	11.71
30～40	803.11	42.58
40～60	862.13	45.71

图4-1-2a为2002—2019年安吉县GPP年均值变化折线图,图4-1-2b为不同研究时段内GPP总量变化折线图。安吉县GPP年均值、年总量最大值分别出现在2007年和2012年。2007年GPP年均值最大,但总量不是最高,主要原因是城市的发展使大量耕地转化为建设用地,导致地表植被覆盖面积逐渐减少,GPP总量也相对较低。

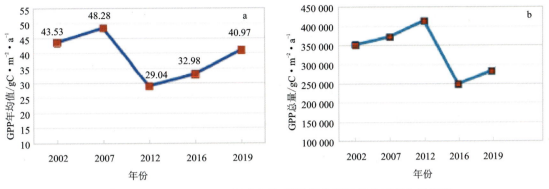

图 4-1-2 2002—2019 年安吉县 GPP 年均值和年总量变化折线图

二、叶面积指数

叶面积指数(LAI)被定义为单位地面面积上所有叶片单面面积的总和占土地面积的倍数。该指数直接影响植被的生理生长过程和气体交换过程,同时对植被长势具有相当重要的指示作用。在一定范围内,植被长势随叶面积指数增大而提高,当叶面积指数增加到一定的限值后,林间郁闭,光照不足,光合效率减弱,植被长势反而下降[60]。本书采用经验公式法计算安吉县叶面积指数,公式如下

$$LAI = \begin{cases} 0 & NDVI < 0.125 \\ 0.183\ 6e^{437-NDVI} & 0.125 \leqslant NDVI \leqslant 0.825 \\ 6.606 & NDVI > 0.825 \end{cases} \qquad (4-1-1)$$

结合安吉县自然资源分布现状,对安吉县 1992—2019 年叶面积指数均值反演结果的空间分布进行分析。由图 4-1-3 可知,安吉县叶面积指数高值区主要分布在安吉县东部、西部及南部地区,该区域主要以乔木林、竹林等为主。叶面积指数低值主要分布在北部及中部的城镇密集区,该部分区域土地开发建设用地密度高,开发强度大,城镇发展过程中占用了大量自然绿地,整体植被覆盖率偏低。叶面积指数反演结果的空间分布与安吉县生态空间格局基本一致。

根据安吉县 1992—2019 年叶面积指数年均值变化折线图(图 4-1-4)可知,叶面积指数总体呈震荡上升趋势,年平均叶面积指数从 1992 年的 2.13 上升到 2019 年的 3.28,最高值出现在 2012 年,1992 年以后的最低值出现在 2016 年。

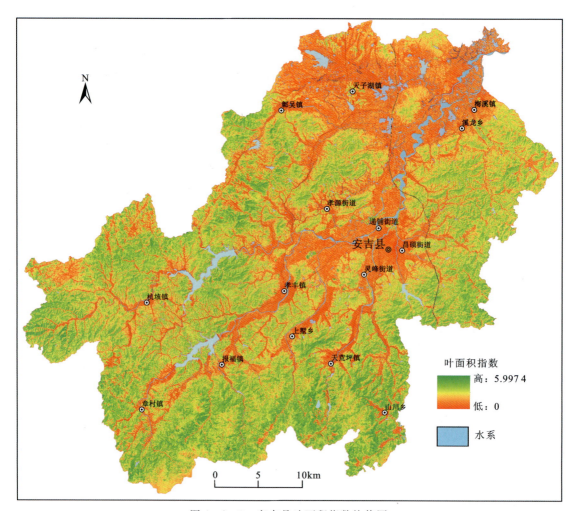

图 4-1-3 安吉县叶面积指数均值图

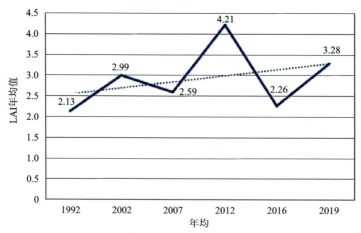

图 4-1-4 1992—2019 年安吉县 LAI 年均值变化折线图

三、光合有效辐射分量

光合有效辐射(photo-synthetically active radiation,简称 PAR)是指波长范围为 400～700nm 部分能被植被进行光合作用的太阳辐射。PAR 是形成生物量的基本能源,控制着陆地生物有效光合作用的速度,直接影响到植被的生长、发育、产量与质量。吸收性光合有效辐射(absorbed photosynthetic active radiation,简称 APAR)指植物冠层吸收的参与光合生物量累积的光合有效辐射部分。光合有效辐射分量(FPAR)为吸收性光合有效辐射在光合有效辐射(PAR)中所占的比例,即

$$FPAR = APAR/PAR \qquad (4-1-2)$$

光合有效辐射分量是重要的生物物理参数,是生态系统功能模型、作物生长模型、净初级生产力模型、大气模型、生物地球化学模型、生态模型等的重要陆地特征参量,是估算植被生物量的理想参数[61-62]。

本书采用 2002—2019 年 FPAR 数据集 MOD15A2H,空间分辨率为 500m,时间分辨率为 8d,数据来源于美国国家航天局(NASA)。FPAR 数据中遥感影像像元亮度值(digital number,简称 DN)为 250、251、252、253、254、255,分别代表城市用地、湿度沼泽地、冰雪、沙漠、内陆淡水盐和填充值,其他值需要乘以系数 0.01 进行转换(FPAR = DN × 0.01)。MODIS FPAR 数据是由基于 3D 辐射传输模型,以查找表(look-up-table,简称 LUT)的形式建立起冠层反射率与 FPAR 的关系,最后构建代价函数进行 FPAR 的反演得到。

安吉县 FPAR 总体上呈现北部、中部低,东部、西部及南部高的特征,空间差异明显。低值主要分布在城镇建设用地区域,该区域植被覆盖度低,人类活动强烈。

四、归一化植被指数

归一化植被指数(NDVI)又称标准化植被指数,是反映农作物长势和营养信息的重要参数之一,与植物生物量、叶面积指数以及植被覆盖度密切相关。NDVI 能反映出植物冠层的背景影响,如土壤、潮湿地面、雪、枯叶、粗糙度等,且与植被覆盖有关。遥感影像中,NDVI 为近红外波段的反射值与红光波段的反射值之差与两者之和的比值,公式为

$$NDVI = (NIR - R)/(NIR + R) \qquad (4-1-3)$$

式中:NIR 为遥感影像中近红外波段的反射值;R 为遥感影像中红光波段反射值。NDVI 主要应用于检测植被生长状态、植被覆盖度和消除部分辐射误差等。$-1 \leqslant NDVI \leqslant 1$,负值表示地面覆盖为云、水、雪等,对可见光高反射;零表示有岩石或裸土等,NIR 和 R 近似相等;正值表示有植被覆盖,且随覆盖度增大而增大。

从安吉县 1992—2019 年 NDVI 年际变化趋势图(图 4-1-5)中线性回归方程的斜率可知,1992—2019 年间,NDVI 总体上呈现震荡上升的趋势,NDVI 年平均值从 1992 年的 0.54

增加到 2019 年的 0.61，NDVI 年平均值最高值出现在 2012 年，最低值出现在 2016 年。1992—2007 年间，NDVI 值总体呈增长趋势，可能与 2001 年安吉县首次提出"生态立县"的发展战略有关，实行该战略之后，安吉县开始重视生态环境。总的来看，安吉县的植被覆盖情况呈现中间低、四周高、南高北低的分布规律。

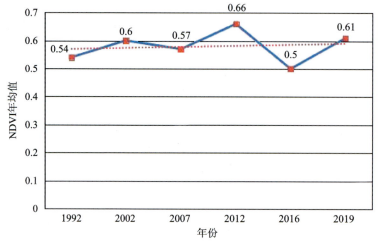

图 4-1-5　1992—2019 年安吉县 NDVI 年均值变化折线图

五、土壤湿度指数

水是土壤的重要组成部分之一，对土壤的形成和发育以及土壤中物质与能量的运移有着重要的影响。土壤中水的含量影响作物的产量和陆地表面植物的分布，是制约植物生长发育的必要条件。

目前，遥感监测地表土壤湿度的方法主要有热惯量法、温度植被干旱指数法（TVDI）、改进的温度植被干旱指数法（MTVDI）、作物缺水指数法（CWSI）、云参数法、微波遥感法、非参数法等[64-65]。本书采用 TVDI 进行土壤湿度计算。TVDI 表示在同一数据中土壤湿度的相对大小，TVDI 与土壤湿度之间呈负相关关系，即 TVDI 越大表示土壤湿度越低。计算方法为利用 Landsat 遥感数据，获取地表温度和植被指数，构建特征空间，根据干、湿边方程计算得到温度-植被干旱指数。

选用辐射校正好的 Landsat 影像，通过 ENVI/IDL 软件，提取安吉县所有 NDVI 像元所对应的不同时相的最大地表温度和最小地表温度数据，保存到文本文件中，NDVI 的步长为 0.01。再将提取的 NDVI 数据和最大、最小地表温度数据导入到 Excel 软件中，构建 T_S – NDVI 特征空间，以 NDVI 为横轴，得到 $T_{S,min}$ 和 $T_{S,max}$ 的散点图，以 2016 年为例，如图 4-1-6 所示。通过散点图和温度、植被指数点的分布极限来确定 T_S – NDVI 特征空间的边界点，线性拟合得到不同时相的干、湿边方程，计算得到 TVDI 与升尺度提取的像元平均土壤湿度构建反演模型。

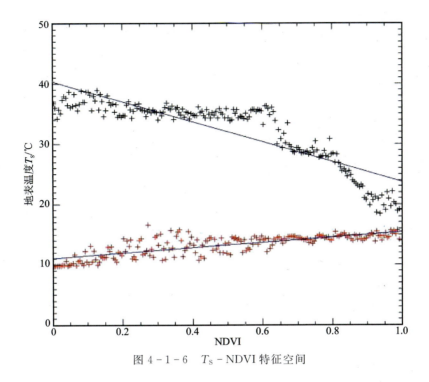

图 4-1-6 T_s-NDVI 特征空间

通过构建 T_s-NDVI 特征空间反演出 1992—2019 年的年均 TVDI 值。借鉴齐述华等[65]提出的分级标准：湿润($0 \leqslant \text{TVDI} < 0.2$)、正常($0.2 \leqslant \text{TVDI} < 0.4$)、轻旱($0.4 \leqslant \text{TVDI} < 0.6$)、干旱($0.6 \leqslant \text{TVDI} < 0.8$)、重旱($0.8 \leqslant \text{TVDI} < 1$)，得到 1992—2019 年均值的干湿等级分布图(图 4-1-7)。通过对干湿等级图面积统计，得出湿润面积占安吉县面积的 46.42%，正常面积占 3.80%，轻旱面积占 37.81%，干旱面积占 11.95%，重旱面积占 0.02%。由此可知，安吉县 1992—2019 年土壤干湿度等级以湿润和轻旱为主，正常和干旱等级面积所占比例较少。

由图 4-1-8 可知，安吉县 TVDI 值主要集中在 0.1~0.75 之间，小于 0.1 的多是一些河流水库，安吉北部和南部 TVDI 值相对较低，土壤湿度较大，中部 TVDI 值较高，土壤湿度较低。

通过统计安吉县 1992—2019 年不同年份的年均 TVDI 值，可以看出安吉县年均 TVDI 值总体呈上升趋势，即土壤湿度呈下降趋势。土壤湿度下降的原因为城市区范围逐渐扩大，城市扩张占用了部分林地面积。干湿指数的数值大小显示，TVDI<0.5 的地区主要分布在溪龙乡、梅溪镇西北部区域及南部区域，其中溪龙乡和梅溪镇西北部区域主要是耕地，以种植水稻为主，夏季含水量较高，土壤湿度较大；南部区域土壤湿度大主要原因为植被茂密，且部分区域植被类型为高山草甸，生长环境水分比较充足；TVDI>0.5 的区域主要是分布在安吉县中心城区、孝丰镇、天荒坪镇、报福镇等城市建设比较密集的区域。

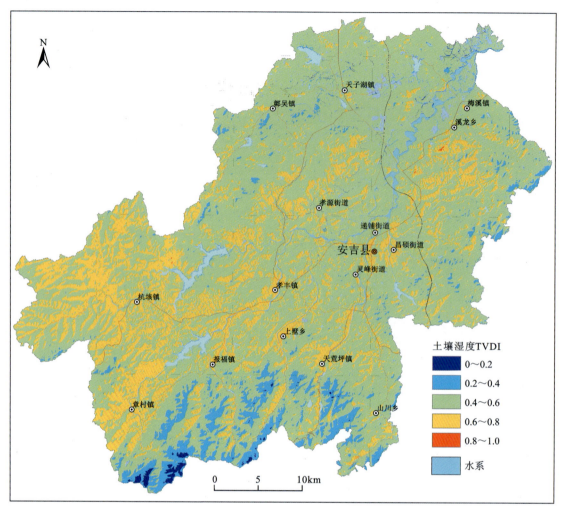

图 4-1-7 1992—2019 年安吉县干湿等级分布图

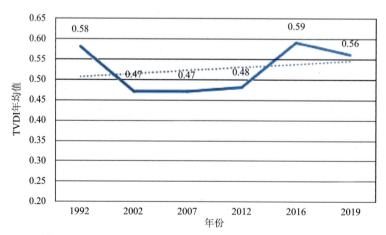

图 4-1-8 1992—2019 年安吉县 TVDI 年均值变化折线图

第二节 生态指数相关分析

叶面积指数年均值(LAI)变化折线图(图4-1-4)显示和归一化植被指数(NDVI)年均值变化折线图(图4-1-5),两者变化趋势一致,叶面积指数较大的区域,归一化植被指数也较高,两个指数的生态意义特征十分类似,都对植被作物的长势具有很好的指示作用。

光合有效辐射分量(PAR)作为计算总初级生产力的一个重要参数,它的高低直接影响了总初级生产力的变化。光合有效辐射分量值较大的区域,总初级生产力也较大。从两者的空间分布图可以看出,两者的低值区都主要分布在开发强度较大的城镇建设区。

生态指数的提取结果显示,指数的空间分布基本与遥感解译结果相适应,总初级生产力和光合有效辐射分量高值区主要分布在远离中心城区、植被分布茂密的地区。叶面积指数和归一化植被指数亦基本符合该分布规律。土壤湿度高值区分布在安吉县北部耕地和南部山区,中部区域以建设用地为主,相应的土壤湿度也较低。

第五章　生态地质分区与区划

第一节　生态地质分区

一、生态地质单元体系构建

（一）生态地质单元体系划分与命名

生态地质单元是生态地质调查的主体，由岩石圈、土壤圈、水圈、生物圈相关物质组成。大地构造单元是划分生态地质单元体系的重要依据。不同时代的大地构造背景形成地球化学特征、成岩古地理环境与岩石含水性各不同的岩石组合；岩石的不同结构构造以及抗风化强弱使得风化形成的土壤类型多样；不同的岩石、水、土壤等地质背景给种类繁多的动物与植物提供了适宜生存的环境。因此，不同的大地构造背景是生态地质分区的基础，不同的岩石组合、土壤、植被是生态地质单元建立的依据。据此，本书建立了浙江省三级生态地质单元体系，一级生态地质区对应三级大地构造单元（如增生弧、增生楔、混杂带、裂谷、岩浆弧、陆缘弧等），二级生态地质亚区和三级生态地质单元是更加细化的生态地质单元体系。各级生态地质单元划分依据和命名原则分别见表5-1-1和表5-1-2。

（二）生态地质单元体系构建

根据浙江省三级大地构造单元体系中各级单元的控制影响因素，开展安吉县生态地质单元体系构建。

1. 一级单元：生态地质区

生态地质区是根据区内三级大地构造单元、主要地形地貌、地下水类型（大类）以及植被的垂直分带性圈定的地表区域，形成于不同的大地构造背景，具有不同的地质结构与属性，主

表 5-1-1 三级生态地质单元体系划分表

生态地质单元		主要内容
名称	级别	
生态地质区	一级	1. 地质因素：根据三级大地构造单元，如被动陆源盆地、前陆盆地、断陷盆地、陆缘弧、增生弧等划分。 2. 地貌因素：依据地貌类型，如中低山、低山、丘陵、岗地、平原等划分。 3. 地下水因素：考虑地下水类型大类，如基岩裂隙水、孔隙水等划分。 4. 植被因素：考虑地带性植被类型，如针叶林、阔叶林、混交林等划分
生态地质亚区	二级	1. 地质因素：根据不同时代成岩环境，如寒武纪次深海环境、浅海陆棚环境，奥陶纪浅水陆棚环境、深水盆地环境等划分。 2. 土壤因素：依据土壤类型分类中的土类，如红壤、黄壤、岩性土、潮土、水稻土划分。 3. 地下水因素：考虑地下水亚类，如孔隙潜水、孔隙承压水、基岩裂隙水等划分
生态地质单元	三级	1. 地质因素：根据相同时代不同成岩环境岩石组合，如寒武纪碳硅质页岩、寒武纪灰岩、奥陶纪钙质泥岩、奥陶纪砂岩等划分。 2. 地下水因素：考虑地下水含水岩组类型，如碳酸盐岩夹碎屑岩裂隙溶洞水、火山岩块状岩类裂隙水等划分。 3. 土壤因素：依据土壤类型分类中的土壤亚类，如黄红壤、侵蚀型红壤、渗育型水稻土、潴育型水稻土等划分。 4. 植被因素：根据植被属种，如毛竹、茶、松等划分

表 5-1-2 三级生态地质单元命名原则表

编号	等级	命名原则	举例（以安吉县为例）
1	生态地质区	以"地理名＋地貌＋生态地质区"命名，涉及多个生态地质区，用"Ⅰ、Ⅱ、Ⅲ、Ⅳ……"进行编号	Ⅰ 龙王山-南天目中低山生态地质区； Ⅱ 姚村低山生态地质区
2	生态地质亚区	以"地理名＋时代＋岩石名称＋生态地质亚区"命名，一个生态地质区中涉及多个生态地质亚区，可用"Ⅰ-1、Ⅰ-2……"进行编号	Ⅰ-1 章村白垩纪花岗闪长岩生态地质亚区； Ⅰ-2 统里村白垩纪花岗闪长岩生态地质亚区
3	生态地质单元	以"土壤类型＋植物名称＋单元"命名，土壤类型用大写字母 A、B、C……依次表示，植被名称用小写字母 a、b、c……依次表示	Ⅰ-1Ba 黄红壤乔木林单元

要受地质、地貌、地下水与植被等因素影响与控制。同一生态地质区归属于相似的大地构造背景、地貌类型、地下水类型以及植被类型，特征相似，有利于后期的开发利用与保护修复。

(1) 地质因素：最新的浙江省地质志研究表明，安吉县地史可分为洋陆俯冲、陆陆碰撞、陆缘弧发展与陆内发展4个构造阶段，主要经历了震旦纪—奥陶纪被动陆缘盆地发展期、奥陶纪—泥盆纪陆陆碰撞造山期、侏罗纪—白垩纪陆缘弧发展期、白垩纪弧内伸展走滑期以及第四纪陆内隆升期5个构造时期，相应依次出现了南华纪—寒武纪被动陆源盆地、奥陶纪—志留纪前陆盆地、白垩纪陆缘弧、白垩纪弧内断陷盆地以及第四纪断陷盆地等三级大地构造单元（表5-1-3，图5-1-1）。因各三级大地构造单元大地构造属性不同，其成岩时代与环境、岩石地球化学特征等也不相同。因此，将三级大地构造单元作为生态地质区圈定与划分的重要依据。

表5-1-3 安吉县大地构造单元划分表

构造旋回	构造阶段	构造期	大地构造单元		
			一级	二级	三级
新生代 (66Ma之后)	陆内发展阶段 (E-Q)	陆内隆升期 (Q)	中国东部大陆	浙北隆起带	第四纪断陷盆地
中侏罗世—白垩纪 (175～66Ma)	陆缘弧发展阶段 (J_2-K_2)	弧内伸展走滑期 ($K_1^2-K_2$)	东南沿海弧盆系	闽浙活动大陆边缘弧	白垩纪弧内断陷盆地
		陆缘弧发展期 ($J_2-K_1^1$)			白垩纪陆缘弧
南华纪—中泥盆世 (780～380Ma)	陆陆碰撞阶段 (O_3-D_1)	陆陆碰撞造山期 (O_3-D_2)	扬子克拉通	千里岗前陆盆地	奥陶纪—志留纪前陆盆地
	洋陆俯冲阶段 ($Pt_3^2-O_2$)	被动陆缘盆地发展期（$Z-O_2$）		杭常被动陆缘盆地	南华纪—寒武纪被动陆缘盆地

注：南华纪属于陆缘裂谷盆地时期，因该时期安吉县出露地层范围小，将其归属于被动陆缘盆地中。

(2) 地貌因素：地形地貌不同带来的温差、光照、降水等生态条件的变化，影响着动植物的生长与分布，其中海拔高度影响尤为显著。根据地貌划分标准，结合地形地貌具体特征，安吉县可划分为中低山（>800m）、低山（500～800m）、丘陵（100～500m）、岗地（20～100m）和平原（<20m）5种地貌基本类型（图5-1-2），将地貌因素作为生态地质区划分的主要依据之一。

(3) 地下水因素：安吉县地下水包括孔隙水和基岩裂隙（溶洞）水两大类（图2-3-2）。其中，孔隙水主要赋存于平原区和山麓沟谷区，基岩裂隙（溶洞）水赋存于山地、丘陵和岗地区。因不同类型的地下水影响生物的生活、生长与分布，将地下水因素作为生态地质区的划分依据之一。

(4) 植被因素：安吉县植被类型随海拔高度的上升而变化，具有垂直分带的层次性特点。海拔50m以下的河谷平原区与低丘缓坡区以农作物为主；海拔100～500m的丘陵区主要为常绿、落叶阔叶林、毛竹和小竹林；海拔500～800m低山区主要为常绿、落叶阔叶林，针叶林与毛竹林;海拔800m以上的中低山区主要为针叶阔叶混交林;海拔1200m以上的中山区出现矮林灌木丛和山地草甸。考虑植被的垂直分带性特点,将植被因素作为生态地质区的划分依据之一。

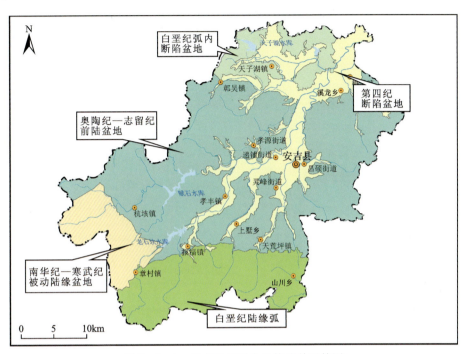

图 5-1-1 安吉县三级大地构造单元简图

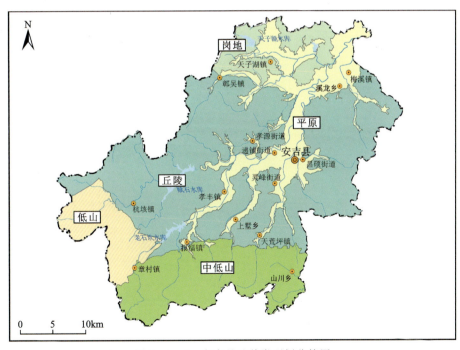

图 5-1-2 安吉县地貌类型划分简图

根据上述控制与影响因素,安吉县域可划分为5个生态地质区,具体特征见表5-1-4。

表 5-1-4 安吉县生态地质区控制因素一览表

编号	生态区名称	地质因素 (大地构造单元)	地貌因素 (类型)	地下水因素 (类型)	植被因素 (主要植被类型)
1	Ⅰ龙王山-南天目中低山生态地质区	白垩纪陆缘弧	中低山区,海拔800m以上	基岩裂隙水	针叶阔叶混交林
2	Ⅱ姚村低山生态地质区	南华纪—寒武纪被动陆缘盆地,白垩纪陆缘弧	低山区,海拔500~800m之间	基岩溶洞水,基岩裂隙水	竹林为主,常绿、落叶阔叶林
3	Ⅲ鄣吴-天荒坪-溪龙丘陵生态地质区	奥陶纪—志留纪前陆盆地,白垩纪陆缘弧	丘陵区,海拔100~500m之间	基岩裂隙水	常绿、落叶阔叶林
4	Ⅳ安吉-梅溪平原生态地质区	第四纪断陷盆地	平原区,海拔20m以下	孔隙水	农作物
5	Ⅴ天子湖岗地生态地质区	白垩纪弧内断陷盆地	岗地区,海拔20~100m之间	基岩裂隙水	农作物,落叶阔叶林

2. 二级单元:生态地质亚区

生态地质亚区是在生态地质区的基础上,根据区内三级大地构造单元中不同时代成岩环境、地下水类型(亚类)以及土壤类型圈定的区域,受地质、地下水与土壤等因素控制。

(1)地质因素:安吉县经历了复杂的构造演化史,不同的三级大地构造背景时期,随着板块的碰撞与拼贴、海平面的升降以及火山的喷发与停歇,出现了不同的成岩环境,具体成岩环境特征见表5-1-5。不同的成岩环境对后期的岩石形成起到控制作用,也影响后期生态地质环境。因此,将地质因素作为生态地质亚区划分的主要依据。

表 5-1-5 安吉不同时代成岩环境特征表

编号	三级大地构造单元	成岩环境
1	第四纪断陷盆地	第四纪为河流—湖泊环境、浅海环境
2	白垩纪弧内断陷盆地	白垩纪为早期河流—湖泊环境
3	白垩纪陆缘弧	白垩纪为早期火山岛弧环境
4	奥陶纪—志留纪前陆盆地	奥陶纪早期为浅水陆棚环境,中期深水陆棚—次深水盆地—深水盆地环境、晚期为浅水陆棚—深水盆地—浅海陆棚环境;志留纪早期为浅海陆棚环境,中晚期为潮坪—河流—三角洲环境
5	南华纪—寒武纪被动陆缘盆地	南华纪早期为浅海陆棚—次深海环境,晚期为滨浅海环境;震旦纪为陆棚—深海环境;寒武纪早期为深海、次深海环境,中期为浅海陆棚环境,晚期为开阔台地环境

（2）地下水因素：根据安吉县地下水特征，进一步按亚类细分为孔隙潜水、孔隙承压水、红层孔隙裂隙水、碳酸盐岩类裂隙溶洞水和基岩裂隙水，并作为生态地质亚区的划分依据之一。

（3）土壤因素：依据土壤类型分类中的土类，如红壤、黄壤、岩性土、潮土、水稻土5种类型。

根据上述影响因素，安吉县可划分为20个生态地质亚区，空间分布划分见图5-1-3，主要特征见表5-1-6。

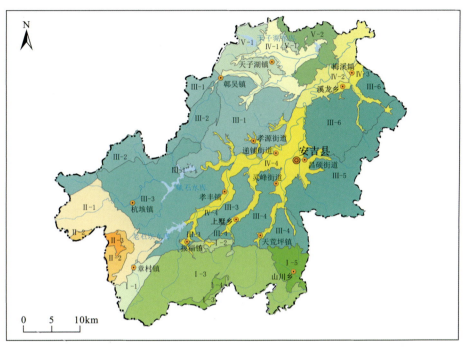

图5-1-3 安吉县生态地质区与生态地质亚区划分图

表5-1-6 安吉县生态地质亚区控制因素一览表

序号	生态地质区	生态地质亚区	主要地质因素（成岩环境）	地下水因素	土壤因素
1	Ⅰ 龙王山-南天目中低山生态地质区	Ⅰ-1 章村白垩纪花岗闪长岩生态地质亚区	白垩纪早期火山岛弧环境（侵入岩构造环境）	基岩裂隙水	红壤、黄壤、水稻土
		Ⅰ-2 统里村白垩纪花岗闪长岩生态地质亚区	白垩纪早期火山岛弧环境（侵入岩构造环境）	基岩裂隙水	红壤
		Ⅰ-3 龙王山-南天目白垩纪火山岩生态地质亚区	白垩纪早期火山岛弧环境（喷出岩构造环境）	基岩裂隙水	红壤、黄红壤
		Ⅰ-4 仰天坪白垩纪花岗闪长岩生态地质亚区	白垩纪早期火山岛弧环境（侵入岩构造环境）	基岩裂隙水	红壤、黄壤
		Ⅰ-5 山川白垩纪花岗闪长岩生态地质亚区	白垩纪早期火山岛弧环境（侵入岩构造环境）	基岩裂隙水	红壤、黄壤、水稻土

续表 5-1-6

序号	生态地质区	生态地质亚区	主要地质因素（成岩环境）	地下水因素	土壤因素
2	Ⅱ 姚村低山生态地质区	Ⅱ-1 姚村寒武纪灰岩生态地质亚区	寒武纪深海—次深海—浅海陆棚—开阔台地环境	碳酸盐岩类裂隙溶洞水	岩性土、红壤、水稻土
		Ⅱ-2 高山震旦纪粉砂岩生态地质亚区	南华纪滨浅海—陆棚—次深海环境、震旦纪陆棚—深海环境	基岩裂隙水	岩性土、黄壤、红壤
		Ⅱ-3 唐舍白垩纪花岗岩生态地质亚区	白垩纪早期火山岛弧环境（侵入岩构造环境）	基岩裂隙水	红壤、黄壤、水稻土
3	Ⅲ 鄣吴-天荒坪-溪龙丘陵生态地质区	Ⅲ-1 鄣吴-孝丰志留纪砂岩生态地质亚区	志留纪浅海陆棚—潮坪—河流—三角洲环境	基岩裂隙水	红壤、水稻土
		Ⅲ-2 西岭-民乐白垩纪花岗闪长岩生态地质亚区	白垩纪早期火山岛弧环境（侵入岩构造环境）	基岩裂隙水	红壤、黄壤、水稻土
		Ⅲ-3 杭垓奥陶纪泥岩生态地质亚区	奥陶纪浅水陆棚—深水陆棚—次深水盆地—深水盆地环境	基岩裂隙水	红壤、水稻土、石灰岩土
		Ⅲ-4 天荒坪寒武纪灰岩生态地质亚区	南华纪滨浅海—陆棚—次深海环境、震旦纪陆棚—深海环境、寒武纪深海—次深海—浅海陆棚—开阔台地环境	碳酸盐岩类裂隙溶洞水	石灰岩土、红壤、水稻土
		Ⅲ-5 芽山-石门白垩纪火山岩生态地质亚区	白垩纪早期火山岛弧环境（喷出岩构造环境）	基岩裂隙水	红壤、水稻土、潮土
		Ⅲ-6 钱坑桥志留纪砂岩生态地质亚区	志留纪浅海陆棚—潮坪—河流—三角洲环境	基岩裂隙水	红壤、黄壤、水稻土
4	Ⅳ 安吉-梅溪平原生态地质区	Ⅳ-1 安吉-梅溪第四纪含砾砂土生态地质亚区	第四纪河流—湖泊环境	孔隙潜水	水稻土、红壤
		Ⅳ-2 梅溪第四纪亚砂土生态地质亚区	第四纪浅海环境	孔隙承压水	水稻土、潮土
		Ⅳ-3 独山头第四纪含砾砂土生态地质亚区	第四纪河流—湖泊环境	孔隙潜水	水稻土、红壤、潮土
		Ⅳ-4 孝丰-递铺第四纪含砾砂土生态地质亚区	第四纪河流—湖泊环境	孔隙潜水	水稻土、红壤、潮土
5	Ⅴ 天子湖岗地生态地质区	Ⅴ-1 高禹白垩纪砂砾岩生态地质亚区	白垩纪早期河流—湖泊环境	红层孔隙裂隙水	水稻土、红壤
		Ⅴ-2 龙山志留纪砂岩生态地质亚区	志留纪晚期潮坪—河流—三角洲环境、泥盆纪晚期滨海相环境及石炭纪—二叠纪潮坪—台地相环境	基岩裂隙水	红壤、水稻土

3. 三级单元：生态地质单元

生态地质单元是在生态地质亚区的基础上，根据相同时代不同成岩环境岩石组合、地下水含水岩组、土壤亚类与植被属种等因素圈定的区域，受地质、土壤、地下水、植被等因素控制，可划分为178个生态地质单元（部分生态地质单元控制因素见表5-1-7），是生态地质调查与评价的基本单元。

表5-1-7 安吉县部分生态地质单元控制因素一览表（举例说明）

序号	生态区	生态亚区	生态地质单元	地质因素	土壤因素	地下水因素	植被因素
1	Ⅰ龙王山-南天目中低山生态地质区	Ⅰ-1章村白垩纪花岗闪长岩生态地质亚区	Ⅰ-1Ba黄红壤乔木林单元	白垩纪花岗闪长岩	黄红壤	次火山岩侵入岩风化带网状裂隙水	乔木林
2	Ⅱ姚村低山生态地质区	Ⅱ-1姚村寒武纪灰岩生态地质亚区	Ⅱ-1Ic石灰岩土竹林单元	寒武纪含硅泥质灰岩	石灰岩土	碳酸盐岩夹碎屑岩裂隙溶洞水	竹林
3	Ⅲ鄣吴-天荒坪-溪龙丘陵生态地质区	Ⅲ-6钱坑桥志留纪砂岩生态地质亚区	Ⅲ-6Bd黄红壤白茶单元	志留纪砂岩	黄红壤	碎屑岩层状岩类裂隙水	白茶
4	Ⅳ安吉-梅溪平原生态地质区	Ⅳ-1安吉-梅溪第四纪含砾砂土生态地质亚区	Ⅳ-2He潮土无林地单元	第四纪亚砂土	红壤	镇海组冲湖积含水层组	无林地
5	Ⅴ天子湖岗地生态地质区	Ⅴ-1高禹白垩纪砂砾岩生态地质亚区	Ⅴ-1Fa潴育型水稻土乔木林单元	白垩纪砂砾岩	潴育型水稻土	红层孔隙裂隙水	乔木林

（1）地质因素：根据相同时代不同成岩环境岩石类型组合，如寒武纪碳硅质页岩、寒武纪灰岩、奥陶纪钙质泥岩、奥陶纪砂岩等划分，具体岩石类型组合见表2-1-1。

（2）土壤因素：依据土壤类型分类中的土壤亚类，如黄红壤、侵蚀型红壤、渗育型水稻土、潴育型水稻土等进行划分。共分为9类，具体土壤分类见表2-2-1。

（3）地下水因素：考虑地下水类型及含水岩组类型，如碳酸盐岩夹碎屑岩裂隙溶洞水，火山岩块状岩类裂隙水等划分。具体含水岩组类型见表2-3-1。

（4）植被因素：根据安吉县植被属种以及特征植被，如毛竹、茶、松等划分。

二、生态地质分区特征

(一)龙王山-南天目中低山生态地质区(Ⅰ)

该生态地质区位于安吉县南部地区,包括章村镇南部、报福镇大部、上墅乡南部、天荒坪镇南部、山川乡南部等地,面积约450m²。

地貌类型为中山和低山,平均海拔800m以上,最高海拔为1 587.4m。地形切割程度高,山峰和山谷交互出现,山峰与山谷高差较大,在中山与低山交接部位,常出现高山平台。

区域上为东南沿海弧盆系组成部分,属于白垩纪陆缘弧大地构造背景,为火山岛弧环境,其下包括喷出岩构造环境和侵入岩构造环境;中部出露大面积白垩纪火山碎屑岩,东部与西部分布一定面积的白垩纪侵入岩,北部分布少量侵入岩。火山碎屑岩下部为紫红色、灰色流纹英安质晶屑玻屑熔结凝灰岩,上部夹凝灰质砂岩与沉角砾凝灰岩、沉凝灰岩等,顶部有流纹斑岩次火山岩侵入。侵入岩主要岩性为细粒正长花岗岩、中粒二长花岗岩。侵入岩常风化形成厚度大于5m的风化壳。

土壤类型主要为黄壤和黄红壤。黄壤主要分布于安吉县南部与临安区接壤地带海拔1000m以上的中山地区,分为黄壤和侵蚀型黄壤两个亚类,成土母质为各种火山碎屑岩、花岗质岩类等岩石的风化残坡积物。黄红壤为黄壤向红壤过渡的类型,主要分布于海拔较低的山谷,在平面上呈南北向或北东向条带状分布。

地下水类型主要为基岩裂隙水,包括火山岩块状岩类裂隙水和次火山岩侵入岩风化带网状裂隙水。据统计,两类裂隙水民井单井泉流量小于1.0L/s,溶解性总固体含量低于1g/L,水化学类型为HCO_3-Na·Ca型,属淡水。

植被类型属针叶阔叶混交林,主要有竹林、阔叶林,含少量经济林和灌木林,局部分布有松、杉、柏等林木。竹林和阔叶林占植被覆盖面积的大部分,约80%。阔叶林主要分布于安吉县南部与临安区接壤地带,较低矮,向北呈现竹林与阔叶林混交特征,竹林主要分布于海拔低于阔叶林的山区。松、杉、柏等林木呈星点状分布。在山川乡九亩村及上墅乡董岭村分布有一定面积的金钱松,两处出露的基岩为白垩纪英安玢岩和石英二长斑岩。前者金钱松分布面积相对集中,规模较大,且金钱松树木长势更好。从地形地貌及地质背景分析,金钱松的生长环境可能与该区的英安玢岩和石英二长斑岩有关。

生态地质资源以地质遗迹资源与矿产资源最为丰富,另有少量富硒土地资源。其中,地质遗迹资源多达31处,主要分布于两个生态地质亚区。龙王山-南天目白垩纪火山岩生态地质亚区资源出露25处,包括崩塌地貌(即大石浪)(5处)、峡谷地貌(5处)、火山地貌(6处)、水体地貌(瀑布)(6处)与地层(1处)。大规模地质遗迹的出现与该亚区属于火山岩分布区,且与区域性断裂构造发育有关。山川白垩纪花岗闪长岩生态地质亚区出露6处,包括水体地貌、重要矿产地、水体地貌与构造地貌等类型。矿产资源14处,分布于3个生态地质亚区,类型有萤石、铅锌矿、铁矿、矿泉水等。位于统里村白垩纪花岗闪长岩亚区内的安吉县蒲芦坞

(统里村)萤石矿床规模可达大型。富硒土地资源面积约9238m²，主要分布于3个生态地质亚区，富硒土地资源的形成与火山物质有关。

该生态地质区可划分为5个生态地质亚区，即章村白垩纪花岗闪长岩生态地质亚区、统里村白垩纪花岗闪长岩生态地质亚区、龙王山-南天目白垩纪火山岩生态地质亚区、仰天坪白垩纪花岗闪长岩生态地质亚区和山川白垩纪花岗闪长岩生态地质亚区。其中，3个典型生态地质亚区特征如下。

1. 章村白垩纪花岗闪长岩生态地质亚区（Ⅰ-1）

该生态地质亚区位于安吉县西南部章村一带，出露面积31km²，为丘陵区，山体坡度15°～25°。成岩环境为白垩纪早期火山岛弧环境(侵入岩构造环境)，主要岩性为白垩纪花岗岩、花岗闪长岩，少量二长花岗岩，岩石中等—强风化，风化壳厚度常大于5m(图5-1-4)。成土母质以白垩纪中酸性侵入岩类风化残积物为主，局部地区为残坡积物。土壤类型主要为红壤，土壤质地以砂土—轻壤土为主，浅层土壤中植物根系发育，深层土壤中植物根系较少，植被主要为毛竹，局部见阔叶林木、松、柏等。地下水类型为次火山岩侵入岩风化带网状裂隙水。

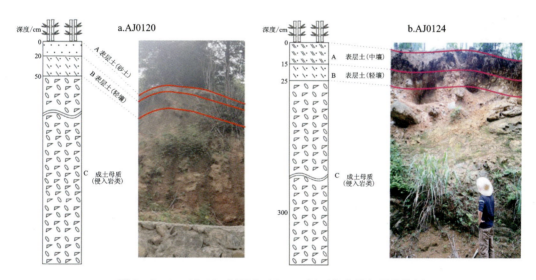

图5-1-4　AJ0120剖面和AJ0124剖面柱状图与照片特征

2. 龙王山-南天目白垩纪火山岩生态地质亚区（Ⅰ-3）

该生态地质亚区位于安吉县南部，出露面积232km²，为低山—中山区，山体坡度35°～45°。成岩环境为白垩纪早期火山岛弧环境(喷出岩构造环境)，主要岩性为白垩纪流纹质晶屑玻屑熔结凝灰岩、流纹质玻屑凝灰岩、流纹英安质晶屑玻屑熔结凝灰岩，少量凝灰质砂岩、沉凝灰岩，岩石以中等风化为主，风化壳厚度中等，一般1～2m(图5-1-5)。成土母质以白垩纪中酸性火山岩类风化残坡积物为主。土壤类型主要为红壤、黄红壤，质地以轻壤土—中壤土为主，浅层土壤中植物根系发育，深层土壤中植物根系较少，植被主要为毛竹、阔叶林木，少量松、柏等。地下水类型为火山岩块状岩类裂隙水。该生态地质亚区地质遗迹资源极为丰富，多达25处。深溪大石浪、浙北大峡谷等省级重要地质遗迹均分布于此。

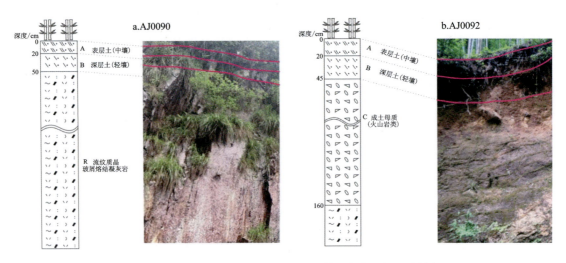

图 5-1-5　AJ0090 剖面和 AJ0092 剖面柱状图与照片特征

3. 仰天坪白垩纪花岗闪长岩生态地质亚区（Ⅰ-4）

该生态地质亚区位于安吉县南部仰天坪一带，出露面积 11km²，为中山区，山体坡度 15°~25°。成岩环境为白垩纪早期火山岛弧环境（侵入岩构造环境），主要岩性为白垩纪花岗闪长岩，少量二长花岗岩，岩石中等—强风化，风化壳厚度多大于 4.5m（图 5-1-6）。成土母质以白垩纪中酸性火山岩类风化残积物为主。土壤类型主要为黄壤，以砂土—轻壤土为主，浅层土壤中植物根系发育，深层土壤中植物根系较少，植被主要为阔叶林木，偶见松、柏等。地下水类型为次火山岩侵入岩风化带网状裂隙水。

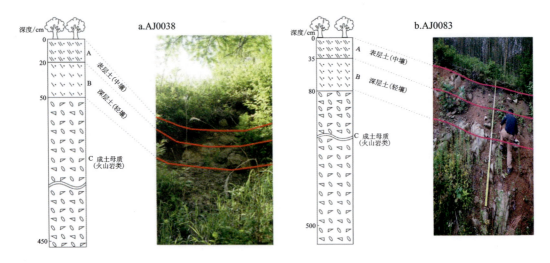

图 5-1-6　AJ0038 剖面和 AJ0083 剖面柱状图与照片特征

(二)姚村低山生态地质区(Ⅱ)

该生态地质区位于安吉县南西角,涵盖章村镇西南部姚村、章村镇唐舍等地,面积约280m²。

地貌类型为低山,平均海拔600m以上,最高856m,地形切割程度较高,山峰与山谷交互出现,高差较大。

区域上早期为扬子克拉通组成部分,属于南华纪—寒武纪被动陆缘盆地大地构造背景,成岩环境包括南华纪滨浅海—陆棚—次深海环境、震旦纪陆棚—深海环境与寒武纪深海—次深海—浅海陆棚—开阔台地环境。主要岩性为南华纪粉砂岩、粉砂质泥岩,震旦纪白云岩、白云质灰岩、含锰白云岩,寒武纪碳质硅质页岩、含硅泥质灰岩、灰岩与饼条状泥灰岩。晚期为东南沿海弧盆系组成部分,属于白垩纪陆缘弧大地构造背景,为火山岛弧-侵入岩构造环境。主要岩性为白垩纪二长花岗岩、花岗岩,出露于唐舍一带。

土壤类型主要为石灰岩土、黄红壤、侵蚀型红壤,母质主要为碳酸盐岩风化物、碳质页岩风化物、硅质泥岩风化物等。石灰岩土主要发育于寒武系碳酸盐岩、碳质页岩、硅质泥岩区,呈深灰色,土层往往较薄,B层发育较差,风化程度低,石砾性明显。黄红壤主要发育于南华系沉积岩、白垩纪花岗岩区,部分寒武纪地层上也有发育。土层较薄,土壤黏结性弱,保水保肥性差,表层土壤有机质含量相对偏低。寒武纪沉积岩分布区的低海拔地区发育侵蚀型红壤,富铝化作用明显。

地下水类型包括基岩溶洞水与基岩裂隙水。前者包括两类:一类为寒武纪碳酸盐岩类裂隙溶洞水,含水层岩性为灰岩,泉流量小于10L/s;另一类为寒武纪、震旦纪碳酸盐岩夹碎屑岩裂隙溶洞水,含水层岩性为含硅泥质灰岩、白云岩,泉流量小于1L/s,后者为白垩纪侵入岩风化带网状裂隙水,含水岩性为花岗闪长岩,泉流量小于1L/s。

植被类型以竹林为主,约占植被分布面积的90%。该区毛竹密度相对较小,眉径较侵入岩区小,长势相对较差。阔叶林呈星点状分布于竹林之中,局部呈混交特征,灌木林常与阔叶林相伴而生,常呈过渡分布趋势。在海拔较高处,可见少量杉、柏等林木分布。

生态地质资源丰富,包括地质遗迹资源、矿产资源与富硒土地资源。其中,地质遗迹资源11处,分布于3个生态地质亚区,以震旦纪硅质岩形成的石墙、石门构造地貌景观为主,另有水体地貌(瀑布)、岩土体地貌(岩溶地貌景观)与地层层型剖面;矿产资源6处,分布于2个亚区,有萤石矿、银矿、锑矿等;富硒土地资源高达106 187m²,分布于姚村寒武纪灰岩生态地质亚区,与寒武纪地层硒元素含量高有密切关系。

该生态地质区可分为3个生态地质亚区,即姚村寒武纪灰岩生态地质亚区、高山震旦纪粉砂岩生态地质亚区和唐舍白垩纪花岗岩生态地质亚区。典型生态地质亚区特征如下。

1. 姚村寒武纪灰岩生态地质亚区(Ⅱ-1)

该生态地质亚区位于安吉西南部姚村一带,出露面积112km²。成岩环境包括寒武纪早期深海—次深海环境,中期浅海陆棚环境,晚期开阔台地环境;主要岩性下部为寒武纪碳质硅质岩、硅质页岩夹石煤层和磷结核，中部为灰岩、含硅泥质灰岩与碳硅质页岩互层，上部为微晶灰岩、透镜状灰岩、饼条状泥灰岩夹瘤状灰岩。岩石中等—强风化，土壤类型主要为石灰岩土。土壤质地以轻壤土为主。风化层普遍较薄（图5-1-7），一般仅见一层薄薄的表层土壤覆盖在基岩之上，未见母质层。植被主要为毛竹，浅层土壤中植物根系发育。地下水类型为寒武纪碳酸盐岩类裂隙溶洞水与碳酸盐岩夹碎屑岩裂隙溶洞水。

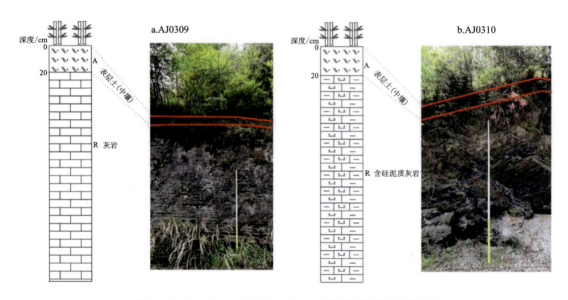

图5-1-7 AJ0309剖面和AJ0310剖面柱状图与照片特征

2. 高山震旦纪粉砂岩生态地质亚区（Ⅱ-2）

该生态地质亚区位于安吉县西南部高山村一带，出露面积26km²。成岩环境包括南华纪早期浅海陆棚—次深海环境，晚期滨浅海环境，震旦纪陆棚—深海环境；主要岩性为南华纪粉砂岩、砂岩、冰碛岩，震旦纪白云岩、碳硅质泥岩、粉砂岩、硅质岩，岩石中等风化，风化壳薄或缺失。土壤类型为黄红壤、石灰岩土。植被主要为竹林和乔木林。地下水类型为碳酸盐岩夹碎屑岩裂隙溶洞水。

3. 唐舍白垩纪花岗岩生态地质亚区（Ⅱ-3）

该生态地质亚区位于安吉县西南部唐舍一带，出露面积8km²。成岩环境为白垩纪早期火山岛弧环境（侵入岩构造环境），主要岩性为白垩纪花岗岩，岩石强风化，风化壳厚度大于3m，局部大于10m。土壤类型主要为黄红壤，土壤质地以轻壤土为主。风化层普遍较厚，可见两层土壤，母质层较厚，多数未见底。植被主要为毛竹，浅层土壤中植物根系发育，个别粗壮根系伸入成土母质层之中（图5-1-8）。地下水类型为次火山岩侵入岩风化带网状裂隙水。

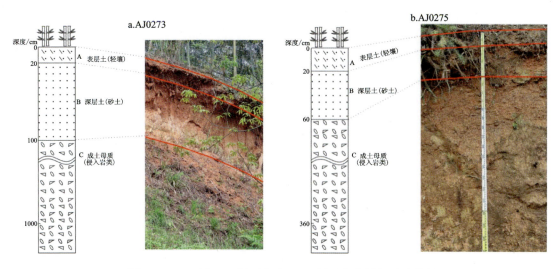

图 5-1-8　AJ0273 剖面和 AJ0275 剖面柱状图与照片特征

（三）鄣吴-天荒坪-溪龙丘陵生态地质区（Ⅲ）

该生态地质区位于安吉县中南部和西部地区，涵盖鄣吴镇、天子湖镇南部、孝源街道、孝丰镇、杭垓镇东北部、天荒坪镇北部、昌硕街道、溪龙乡、梅溪镇南部，面积约 600m²。

地貌类型为丘陵，海拔 200～500m。地形切割程度相对较低，山体低矮，坡度较小，坡度一般在 20°～25°之间。

区域上早期为扬子克拉通组成部分，属于南华纪—寒武纪被动陆缘盆地与奥陶纪—志留纪前陆盆地大地构造背景，成岩环境包括寒武纪深海—次深海—浅海陆棚—开阔台地环境、奥陶纪浅水陆棚—深水陆棚—次深水盆地—深水盆地环境与志留纪浅海陆棚—潮坪—河流—三角洲环境。寒武纪主要岩性为深灰色、灰黑色薄—中层状碳质硅质泥岩夹碳质泥岩，灰色—深灰色中层状白云质灰岩与微层状灰质白云岩互层、含碳泥质或粉砂质硅质岩夹白云质灰岩，深灰色薄—中层状微晶灰岩、薄层状硅质泥岩、硅质岩夹泥质灰岩，薄—中层状泥灰岩夹薄层状微晶灰岩，深灰色薄—中层状含白云微晶灰岩夹微层状泥灰岩等。奥陶纪岩性主要为灰色—深灰色钙质泥岩、灰色粉砂质泥岩、含钙硅质泥岩或钙质粉砂质泥岩、含小饼条灰岩粉砂质泥岩等。志留纪主要岩性为浅灰色粉砂质泥岩、粉—细砂岩与砂岩。晚期为东南沿海弧盆系组成部分，属于白垩纪陆缘弧大地构造背景，为火山岛弧环境，包括喷出岩构造环境和侵入岩构造环境。喷出岩主要分布于芽山—石门一带，主要岩性为流纹质熔结凝灰岩、流纹斑岩等；侵入岩分布于西部、西南部西岭—民乐一带，主要岩性为二长花岗岩、花岗岩、石英二长斑岩等。

土壤类型为黄红壤与侵蚀型红壤。黄红壤分布于该区大部分地区，在各种岩性之上均有发育。在沉积岩区土层较薄，土壤黏结性弱，保水保肥性差，表层土壤有机质含量相对偏低。在侵入岩区土层较厚，土壤松散。侵蚀型红壤主要分布在低山丘陵的陡坡处，其母质为寒武纪和奥陶纪各种沉积岩的风化残坡积物，土体中母质特征明显，风化度低，土体结构常呈 A-

C型，一般无B层发育，土层厚度仅10～30cm，土壤呈强酸性，养分较低。

植被类型以竹林为主，约占植被覆盖面积的80%；其次为松林，主要分布于孝丰镇河谷平原两侧，并伴有少量阔叶林，经济林主要分布于赋石水库西侧，集中连片。西部的马鞍山地区分布一定面积的杉、柏等，随着海拔的降低植被类型又变为阔叶林。

生态地质资源丰富，包括地质遗迹资源、矿产资源与富硒土地资源。其中，地质遗迹资源13处，分布于4个生态地质亚区，包括地层剖面（3处）、岩土体地貌（3处）、重要岩矿石产地（3处）、水体地貌（3处）与河流地貌（1处）等类型，以杭垓奥陶纪泥岩生态地质亚区出露的地层剖面（全球层型剖面）最为典型；矿产资源16处，分布于5个生态地质亚区，杭垓奥陶纪泥岩生态地质亚区数量最多，出露8处，以膨润土最为典型，天荒坪寒武纪灰岩生态地质亚区出露5处，包括银金矿、铅锌矿、钨钼矿、铜锌矿等；富硒土地资源面积约46 720m²，分布于各生态地质亚区。

该生态地质区分为6个生态地质亚区，即鄣吴-孝丰志留纪砂岩生态地质亚区、西岭-民乐白垩纪花岗闪长岩生态地质亚区、杭垓奥陶纪泥岩生态地质亚区、天荒坪寒武纪灰岩生态地质亚区、芽山-石门白垩纪火山岩生态地质亚区与钱坑桥志留纪砂岩生态地质亚区。其中，3个典型生态地质亚区特征如下。

1. 鄣吴-孝丰志留纪砂岩生态地质亚区（Ⅲ-1）

该生态地质亚区位于安吉县西部鄣吴—孝丰一带，出露面积196km²。成岩环境包括志留纪早期浅海—陆棚环境，中晚期潮坪—河流—三角洲环境。主要岩性下部为细砂岩、泥质粉砂岩、粉砂质泥岩互层，中部为长石石英砂岩与粉砂岩、粉砂质泥岩互层，上部为岩屑砂岩、石英砂岩夹粉砂岩。岩石轻—中等风化，成土母质以基岩风化坡积物为主，局部地区见少量残积物。土壤类型主要为黄红壤、侵蚀型红壤。土壤质地以轻壤土为主，表层土壤中植物根系发育，深层土壤多不可见，成土母质相对发育。植被以毛竹、茶树为主，可见灌木丛及少量阔叶林（图5-1-9）。地下水类型为碎屑岩层状岩类裂隙水。

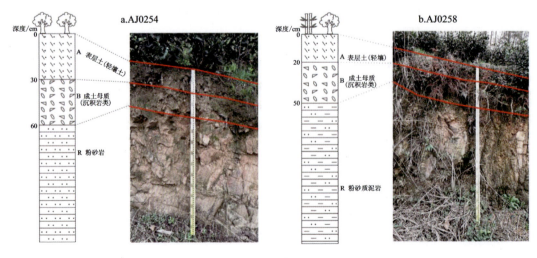

图5-1-9　AJ0254剖面和AJ0258剖面柱状图与照片特征

2. 杭垓奥陶纪泥岩生态地质亚区(Ⅲ-3)

该生态地质亚区位于安吉县西南部杭垓镇一带，出露面积282km²。成岩环境包括奥陶纪早期浅水陆棚环境，中期深水陆棚—次深水盆地—深水盆地环境，晚期浅水陆棚—深水盆地—浅海陆棚环境。主要岩性在中下部为碳质泥岩、硅质泥岩、泥灰岩与瘤状泥灰岩，在上部为粉砂岩、泥岩、粉砂质泥岩，顶部为细砂岩夹粉砂质泥岩。岩石轻—中等风化，成土母质以基岩风化坡积物为主。土壤类型主要为黄红壤、侵蚀型红壤。土壤质地以轻—中壤土为主，一般仅见表层土壤，成土母质多不可见(图5-1-10)。植被主要为毛竹，可见灌木丛和部分阔叶林。表层土壤中植物根系发育，部分粗壮根系插入成土母质或基岩之中。地下水类型为碎屑岩层状岩类裂隙水。

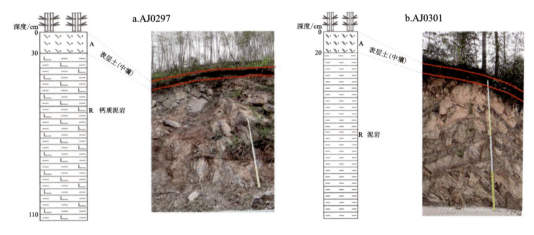

图5-1-10　AJ0297剖面和AJ0301剖面柱状图与照片特征

3. 天荒坪寒武纪灰岩生态地质亚区(Ⅲ-4)

该生态地质亚区位于安吉县南部天荒坪镇一带，出露面积100km²。成岩环境包括南华纪早期浅海陆棚—次深海环境，晚期滨浅海环境；震旦纪陆棚—深海环境；寒武纪早期为深海—次深海环境，中期为浅海陆棚环境，晚期为开阔台地环境；奥陶纪为浅水陆棚—深水盆地—次深水盆地环境。主要岩性南华纪为冰碛岩，震旦纪为白云岩、碳硅质泥岩、粉砂岩、硅质岩，寒武纪为泥质灰岩、硅质泥岩，奥陶纪为钙质泥岩、泥岩等。岩石轻—中等风化，成土母质以基岩风化坡积物为主，局部地区见少量残积物(图5-1-11)。土壤类型主要为黄红壤、侵蚀型红壤。土壤质地以轻—中壤土为主，浅层土壤中植物根系发育，深层土壤中植物根系较少。植被以毛竹为主，可见灌木丛及少量阔叶林。地下水类型为寒武纪碳酸盐岩类裂隙溶洞水与碳酸盐岩夹碎屑岩裂隙溶洞水。

图 5-1-11　Y0009 剖面和 Y0052 剖面柱状图与照片特征

(四)安吉-梅溪平原生态地质区(Ⅳ)

该生态地质区位于安吉县中北部递铺街道至梅溪镇一带平原区,涵盖孝丰镇东部、昌硕街道西北部、递铺街道、梅溪镇中南部,面积约 356m²。

地貌类型为河谷冲积平原,地势平坦,海拔 20m 以下。

区域上该生态地质区为中国东部大陆组成部分,属于第四纪断陷盆地大地构造背景,成岩环境为第四纪河流—湖泊环境与浅海环境。区内大面积出露第四纪沉积物,靠近山体边部零星出露。主体沉积物结构松散,为冲积—冲洪积砂亚土与砂砾石。梅溪镇一带为冲湖积亚砂土、亚黏土,其下出现海积软土层。

土壤类型主要为潴育型水稻土,其次为潮土以及少量渗育型水稻土。潴育型水稻土广泛分布,潮土分布于递铺街道主要河系边部,以及梅溪镇独山村—路西村一带;渗育型水稻土零星出露于孝丰镇与报福镇局部地区。

地下水类型主要为松散沉积物孔隙水,包括孔隙潜水和孔隙承压水两种,含水层厚 0.5~20m 不等。不同含水层民井单井涌水量各不相同,少者小于 5t/d,多者 100~1000t/d。水质为淡水,水化学类型多样,主要为 HCO_3-Ca 型,具体特征见本书第二章第三节水圈"二、地下水特征"。

植被类型主要有乔木林、竹林和白茶,城市区植被零星出露。

生态地质资源丰富,包括地质遗迹资源、矿产资源和富硒土地资源。其中,地质遗迹资源 6 处,主要分布于孝丰-递铺第四纪含砾砂土生态地质亚区,以地层剖面(3 处)为主,构造剖面、水体地貌与重要岩矿石产地各 1 处。该地质遗迹资源级别高,典型层型剖面 2 处,在浙江省具有典型性和代表性。矿产资源 5 处,以膨润土矿床(点)最为典型,另有石灰岩矿点与石煤矿点各 1 处,主要分布于 2 个亚区。富硒土地资源面积约 61 007m²,以梅溪第四纪亚砂土生态地质亚区与孝丰-递铺第四纪含砾砂土生态地质亚区分布面积最大。

该生态地质区分为4个生态地质亚区,即安吉-梅溪第四纪含砾砂土生态地质亚区、梅溪第四纪亚砂土生态地质亚区、独山头第四纪含砾砂土生态地质亚区与孝丰-递铺第四纪含砾砂土生态地质亚区。该生态地质区中各亚区情况总体较为类似,不再分述。

(五)天子湖岗地生态地质区(Ⅴ)

该生态地质区位于安吉县北部天子湖镇一带,涵盖天子湖镇北部、梅溪镇西北部,面积约200m²。

地貌类型为岗地,地形总体较为平缓,高差小,平均海拔约90m,最高为158m。

区域上该区早期为扬子克拉通组成部分,属于奥陶纪—志留纪前陆盆地大地构造背景,成岩环境为志留纪河流—三角洲环境;晚期为东南沿海弧盆系组成部分,属于白垩纪弧内断陷盆地大地构造环境,成岩环境为白垩纪河流—湖泊沉积环境。该区出露大面积白垩纪砂砾岩,东部出露少量志留纪砂岩及粉砂岩、泥盆纪石英砂岩、石炭纪白云岩与二叠纪灰岩等。

土壤类型主要为黄红壤和侵蚀型红壤。黄壤主要分布于西部海拔较高处,侵蚀型红壤主要分布于东部,成土母质为各种沉积岩的风化残坡积物。

地下水类型主要为红层孔隙裂隙水、碎屑岩层状岩类裂隙水以及碳酸盐岩类裂隙溶洞水。第一类单井涌水量小于10t/d;第二类泉流量小于1.0L/s;第三类泉流量小于10L/s,水质为淡水,第三类水化学类型为HCO_3-Ca型。

植被类型主要有竹林、阔叶林,少量经济林和灌木林,局部分布松、杉、柏等林木。竹林和阔叶林占植被覆盖面积的大部分,约80%。阔叶林主要分布于北部,较低矮,向东呈现竹林与阔叶林混交特征。松、杉、柏等林木呈星点状分布。

生态地质资源相对丰富,地质遗迹资源仅1处,出露于龙山志留纪砂岩生态地质亚区,为典型矿床类遗迹(高禹红庙膨润土矿)。矿产资源8处,包括膨润土、石灰岩、玄武岩等矿床(点);富硒土地资源面积约16 291m²,矿产资源和富硒土地资源在2个亚区均有分布。

该生态地质区可分为2个生态地质亚区,即高禹白垩纪砂砾岩生态地质亚区与龙山志留纪砂岩生态地质亚区。2个生态地质亚区特征如下。

1.高禹白垩纪砂砾岩生态地质亚区(Ⅴ-1)

该生态地质亚区位于安吉县西北部天子湖镇至高禹村一带,出露面积65km²。成岩环境为白垩纪河流—湖泊环境。主要岩性为白垩纪红色砂砾岩和灰绿色砂岩粉砂岩等,砂砾岩成层性好,中层状构造,砾石层与泥砂质层交替出现。砾石大小不一,排列无序,直径最大可达30cm,砾石呈青灰色,含量60%~70%,具有一定的磨圆度,岩石风化较强,极其松散破碎,稳定性差。砂岩、粉砂岩多呈中厚层状构造,层理较清晰,常发育垂直层面的节理,使岩石破碎成碎块状。该亚区土壤类型主要为黄红壤,土壤质地以轻—中壤土为主,成土母质厚薄不一(图5-1-12)。植被主要为毛竹,可见灌木丛及部分阔叶林。表层土壤中植物根系发育,部分粗壮根系插入成土母质或基岩之中。

图 5-1-12 AJ0297 剖面和 AJ0301 剖面柱状图与照片特征

2. 龙山志留纪砂岩生态地质亚区（Ⅴ-2）

该生态地质亚区位于安吉县北部龙山—红庙一带，出露面积 54km²。成岩环境属于奥陶纪—志留纪前陆盆地大地构造背景、志留纪晚期河流—三角洲环境、泥盆纪晚期滨海相环境及石炭纪—二叠纪碳酸盐潮坪—台地相环境。岩性主要有志留纪砂岩及粉砂岩、泥盆纪石英砂岩、石炭纪白云岩以及二叠纪灰岩等。各时代岩石出露面积不大，岩石成层性较好。砂岩、粉砂岩多呈中厚层状构造，层理相对较清晰，常发育垂直层面的节理，使岩石破碎成碎块状。石英砂岩呈中薄层状构造，岩石较破碎。灰岩、白云岩常呈中厚层状构造，微纹层理较发育，可见溶蚀沟，露头常呈大椭圆状。土壤类型主要为黄红壤，土壤质地以轻—中壤土为主，成土母质多不可见（图 5-1-13）。植被主要为毛竹，可见灌木丛及部分阔叶林。表层土壤中植物根系发育，部分粗壮根系插入成土母质或基岩之中。

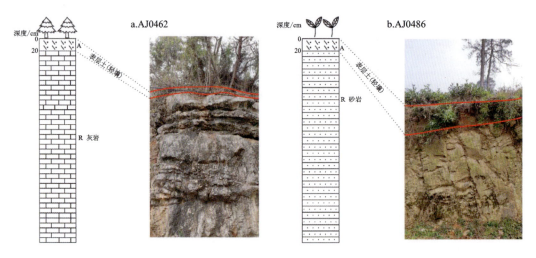

图 5-1-13 AJ0462 剖面和 AJ0486 剖面柱状图与照片特征

第二节 生态地质评价与区划

一、生态地质评价

(一)评价指标筛选

从地球系统科学角度出发,将岩石圈、生物圈、大气圈、水圈等圈层作为一个系统看待。影响圈层之间能量与物质交换的动力为地球的内、外营力[23]。本书从圈层关系入手,围绕五大影响因素建立安吉县生态地质评价指标分类分级体系,包含 5 个一级指标,16 个二级指标,构建层次结构模型,采用层次分析法从岩石圈、土壤圈、水圈、生物圈、资源与人类活动情况等方面对安吉县生态地质情况进行评价(图 5-2-1)。

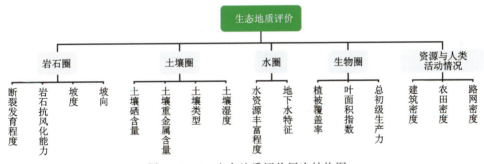

图 5-2-1 生态地质评价层次结构图

(二)单因子评价

1. 岩石圈

1) 断裂发育程度

本书运用数理统计的方法对断裂构造进行定量分析,考虑断裂构造的长度,以一定的采样网格对断裂构造进行采样,统计每个网格内断裂构造的长度,在此基础上利用插值法绘出研究区的断裂构造密度图。根据以上方法,对安吉县域范围每平方千米的断层长度进行统计与分类,并按表 5-2-1 对每个评价单元进行赋值,得到安吉县断裂发育程度评价图(图 5-2-2)。

表 5-2-1 断层赋值表

单位面积断层长度/km	0	0~0.6	0.6~1	1~2	>2
赋值	5(好)	4(较好)	3(一般)	2(较差)	1(差)

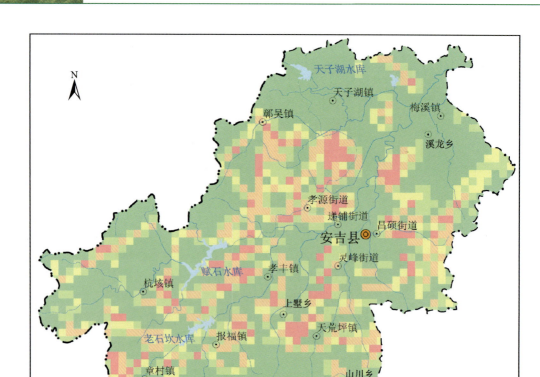

图 5-2-2 安吉县断裂发育程度评价图

2)岩石抗风化能力

岩石在自然界经过风化剥蚀作用,形成各种类型的成土母质。成土母质是土壤形成的物质基础,也是植物矿物养分元素的最初来源。成土母质影响土壤,而土壤是植物生长的载体与物质基础,植被又是生态环境的重要指标之一。基岩对生态环境有着重要的影响。

基岩对成土母质的影响主要是岩石的物理性质,即岩石的抗风化能力。抗风化能力弱的岩石易于风化,从而形成较厚的成土母质;而抗风化能力强的岩石较难风化,成土母质往往较薄。根据安吉县基岩出露特点,参照工程地质岩组划分方案,考虑岩土坚硬程度、结构及物理力学性质,按表 5-2-2 对各类基岩进行分级赋值,得到安吉县岩石抗风化能力评价图(图 5-2-3)。

安吉县的坚硬岩主要为分布于西北部、东南部的侵入岩岩体;较坚硬岩为南部的火山岩与中部的砂岩;较软岩主要为西部杭垓镇—孝丰镇一带的寒武纪地层,岩性主要为灰岩、泥岩等;软岩主要为南部杭垓镇—天荒坪镇一带的寒武纪地层,以及北部天子湖附近的中戴组沉积岩;土则为沿沟谷分布的第四纪地层。

表 5-2-2 工程地质岩组赋值表

工程地质岩组	坚硬岩	较坚硬岩	较软岩	软岩	土
赋值	5（好）	4（较好）	3（一般）	2（较差）	1（差）

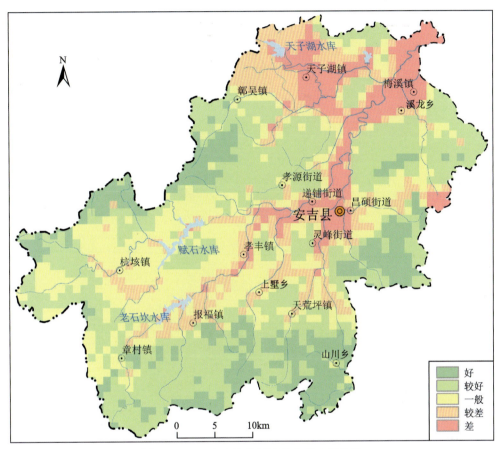

图 5-2-3 安吉县岩石抗风化能力评价图

3）坡度

坡度决定着大量山区地表现代侵蚀作用的强度，影响着水土流失强度、土层厚度、土壤肥力状况。坡度越大，地表物质的不稳定性越强，土壤越容易遭受侵蚀而变薄。同时，坡度还是影响斜坡稳定性的重要因素，坡度越大，斜坡稳定性越差。

根据《水土保持综合治理规划通则》（GB/T 15772—1995），坡度可分为微坡、缓坡、较缓坡、较陡坡、陡坡和急陡坡 6 类，对应的坡度范围分别为<3°、3°～8°、8°～15°、15°～25°、25°～35°和>35°。通过分析认为，安吉县坡度为 8°以下的土地，一般呈平整大块，土壤侵蚀微弱，地表物质稳定，土地适宜性好。因此，确定了安吉县坡度单因子分级标准，即以<8°、8°～15°、15°～25°、25°～35°和>35°进行分级赋值（表 5-2-3），得到安吉县坡度评价图（图 5-2-4）。

安吉县坡度分布与地形关联较大，北部平原区和中部河流沟谷区坡度多大于 8°，两侧山坡多为 8°～25°，南部山区则出现大面积坡度为 25°～35°甚至大于 35°的陡坡。

表 5-2-3 坡度赋值表

坡度	<8°	8°～15°	15°～25°	25°～35°	>35°
赋值	5(好)	4(较好)	3(一般)	2(较差)	1(差)

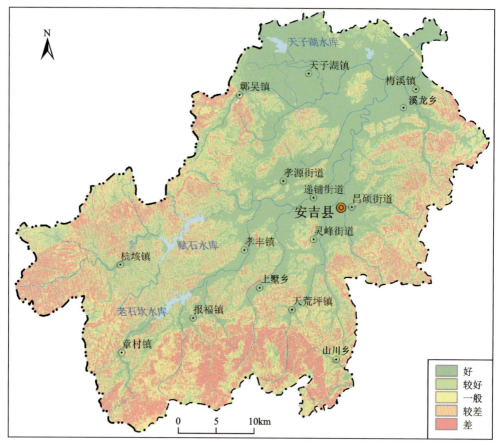

图 5-2-4 安吉县坡度评价图

4) 坡向

坡向是指坡面法线在水平面上的投影方向。坡向制约着山地的日照时长和辐射强度,影响山坡的温度和降水,进而影响山地的生态环境。向光坡(阳坡或南坡)和背光坡(阴坡或北坡)温差大,相应的植被种类和长势也具有较大差异。由于光照、温度、雨量、风速、土壤质地等因子的综合作用,坡向制约着植物种类与长势,从而对生态环境产生影响。

本书按东、南、西、北、东北、东南、西北、西南和无9个方位划分坡向。对于北半球而言,平坡(平地)由于无坡向,辐射收入最多。其后按辐射收入由多到少依次为南坡、东南坡和西南坡、东坡、西坡、东北坡、西北坡、北坡。

由于安吉县域地层倾向多为北向,相对而言,北坡较易发生地质灾害。因此,按照表5-2-4进行赋值,形成安吉县坡向评价图(图5-2-5)。安吉县域的平坡主要分布在北部平原区,在中部的河流沟谷中也有分布。

表 5-2-4 坡向赋值表

坡向	平坡(平地)	南坡	东南坡和西南坡	东坡与西坡及东北坡和西北坡	北坡
赋值	5(好)	4(较好)	3(一般)	2(较差)	1(差)

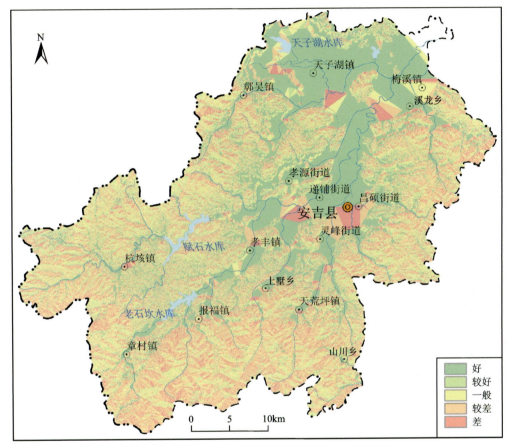

图 5-2-5 安吉县坡向评价图

2. 土壤圈

1)土壤硒含量

本书将1:25万地球化学背景调查数据与1:5万农用地土地质量地质调查数据结合,编制安吉县 Se 元素含量 DEM 图并重新分类。

参考中国地质调查局《土地质量地球化学评价规范》(DZ/T 0295—2016)及以往的浙江省农业地质相关成果,利用表 5-2-5 对安吉县土壤硒含量进行赋值,形成安吉县土壤富硒程度评价图(图 5-2-6)。

安吉县土壤硒元素较为丰富,除北部、中部平原区土壤硒含量较低外,其余区域硒含量大多大于 0.4mg/kg,为富硒土地。

表 5-2-5 土壤硒含量赋值表

土壤硒含量/mg·kg^{-1}	>0.4	0.175~≤0.4	0.125~≤0.175	<0.125
赋值	5(好)	4(较好)	2(较差)	1(差)

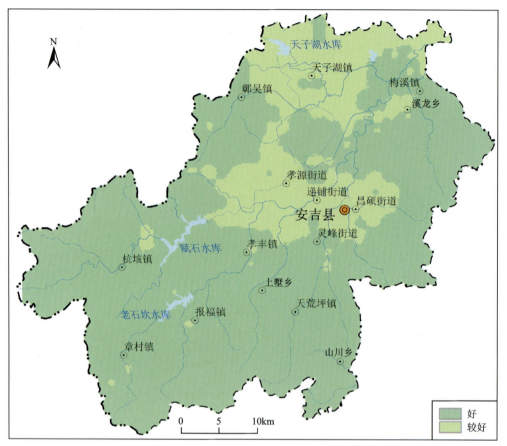

图 5-2-6 安吉县土壤富硒程度评价图

2)土壤重金属含量

土壤重金属元素是衡量土壤环境质量的重要因子,在《土壤环境质量 农用地土壤污染风险管控标准(试行)》(GB 15618—2018)中包含 Cd、Hg、As、Pb、Cr、Cu、Ni、Zn 共 8 种元素,主要与地质背景、工业污染和人为活动有关,通过污水灌溉、农药和化肥施用等多种途径进入农业生态系统,由于其不可降解和持久性,易通过食物链积累在动植物体内,对动植物和人体健康构成严重威胁。

本书将 1:25 万地球化学背景调查数据与 1:5 万农用地土地质量地质调查数据相结合,参照《土壤环境质量 农用地土壤污染风险管控标准(试行)》(GB 15618—2018),将安吉县土壤分为清洁类、风险筛选类与严格管控类,根据表 5-2-6 进行赋值,得到安吉县土壤重金属生态风险程度评价图(图 5-2-7)。

由图可知,安吉县土壤重金属生态风险筛选类主要分布在南部山区与安吉县县城周边,严格管控类分布在上墅乡周边与张村镇北西向寒武纪地层周边。

表 5-2-6 土壤重金属含量赋值表

重金属含量分类	清洁类土壤	风险筛选类土壤	严格管控类土壤
赋值	5(好)	3(一般)	1(差)

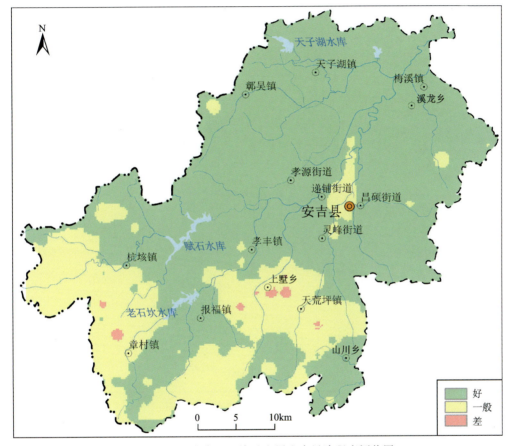

图 5-2-7 安吉县土壤重金属生态风险程度评价图

3)土壤类型

不同土壤成土因素和基本成土过程不一样,导致土壤属性发生分异,从而形成具有不同形态特征的多种多样的土壤类型。不同土壤的组成、性质各异,对生态地质的影响也不同[66]。

采用土类作为安吉县生态地质土壤类型单因子评价分类单元,并根据不同土类的特征,制定安吉县生态地质土壤类型单因子评价分级标准(表5-2-7),形成安吉县土壤类型评价图(图5-2-8)。

由图可知,安吉县大部分地区为红壤、黄壤,在西南角寒武纪地层区域分布有比较大面积的岩性土,在天荒坪镇也有少量岩性土分布。

表 5-2-7 土壤类型赋值表

土壤类型	水稻土、潮土	红壤、黄壤	岩性土、粗骨土
赋值	5（好）	3（一般）	1（差）

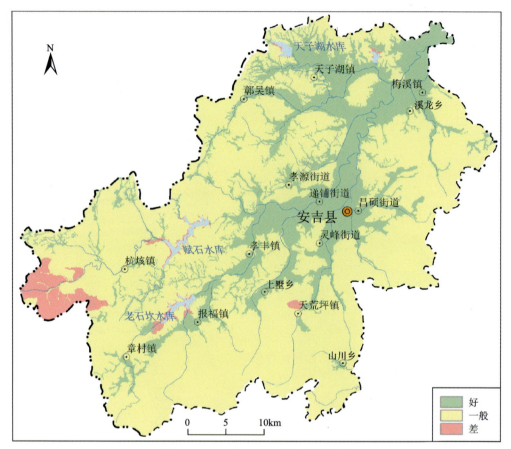

图 5-2-8 安吉县土壤类型评价图

4）土壤湿度

土壤湿度决定农作物的水分供应状况。土壤湿度过低，会导致土壤干旱，光合作用不能正常进行，会降低作物的产量和品质，严重缺水还会导致作物的凋萎和死亡。土壤湿度过高，恶化土壤通气性，影响土壤微生物的活动，使作物根系的呼吸、生长等生命活动受到阻碍，从而影响作物地上部分的正常生长，造成徒长、倒伏、病害滋生等。土壤水分的多少还影响田间耕作措施和播种质量，并影响土壤温度的高低。

本书采用 TVDI 法计算土壤湿度，根据表 5-2-8 对 TVDI 进行赋值，形成安吉县土壤湿度评价图（图 5-2-9）。由图可知，安吉县 TVDI 主要集中在 0.1～0.75 之间，TVDI 小于 0.1 的区域为河流、水库，安吉县北部地区和南部地区 TVDI 相对较低，表示土壤湿度较大，中部地区 TVDI 较高，即土壤湿度较低。

表 5-2-8　土壤湿度赋值表

TVDI	<0.2	0.2~<0.4	0.4~<0.6	0.6~<0.8	0.8~≤1
赋值	5（好）	4（较好）	3（一般）	2（较差）	1（差）

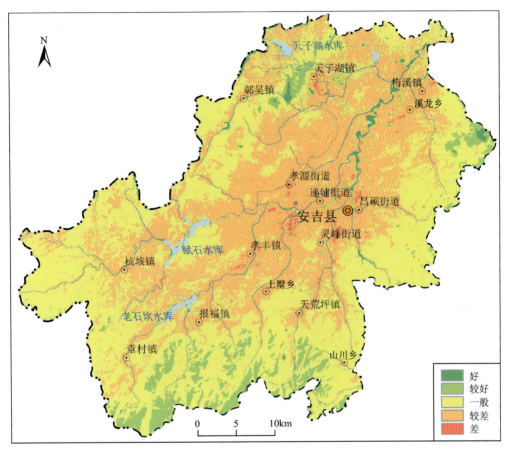

图 5-2-9　安吉县土壤湿度评价图

3. 水圈

1）水资源丰富程度

地表水面面积是区域生态系统水源涵养和径流调节功能重要性评价的另一个重要指标，在其他条件不变的情况下，地表水面面积的大小反映了地表水资源的丰富程度。通常情况下，地表水面面积越大，地表径流总量也越大，在不方便获得地表径流总量的情况下，可以使用地表水面面积来表征地表径流总量。

本书统计安吉县单位面积内地表水面面积占比，通过分位数确定赋值，按表 5-2-9 进行赋值，形成安吉县水资源丰富程度评价图（图 5-2-10）。由图可知，安吉县水资源丰富区主要分布在北部平原区与中部沟谷区，南部山区水资源较为匮乏。

表 5－2－9　地表水面积赋值表

单位面积地表水面面积占比	15%～100%	3.5%～<15%	2%～<3.5%	0.03%～<2%	<0.03%
赋值	5（好）	4（较好）	3（一般）	2（较差）	1（差）

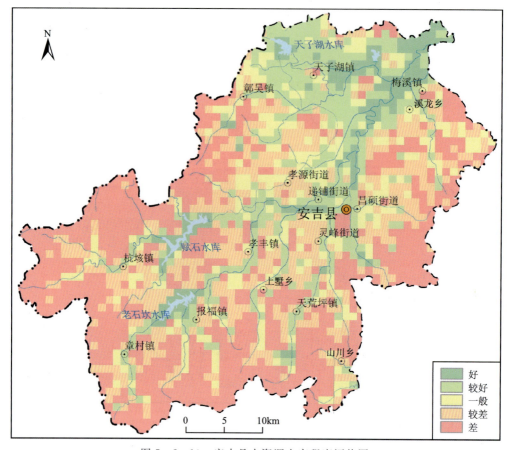

图 5－2－10　安吉县水资源丰富程度评价图

2）地下水特征

本书按地下水赋存空隙介质、水理性质、水力特征、埋藏条件及所处的地貌位置等，将安吉县地下水分为岩浆岩类裂隙水、碎屑岩类裂隙水、松散岩类孔隙水、新近系—白垩系碎屑岩类孔隙裂隙水、碳酸盐岩类岩溶水，按表 5－2－10 进行赋值，形成安吉县地下水特征评价图（图 5－2－11）。

通过分析可知，岩浆岩类裂隙水主要分布在安吉县西部与南部，在东部有少量分布；碎屑岩类裂隙水主要分布在中部与东北部；松散岩类孔隙水主要分布在北部。

表 5-2-10　地下水类型赋值表

地下水类型	岩浆岩类裂隙水	碎屑岩类裂隙水	松散岩类孔隙水	新近系—白垩系碎屑岩类孔隙裂隙水	碳酸盐岩类岩溶水
赋值	5(好)	4(较好)	3(一般)	2(较差)	1(差)

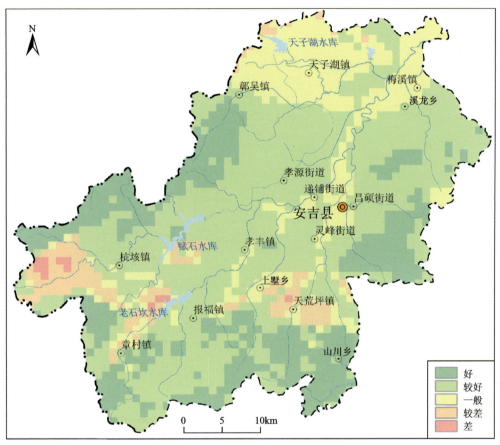

图 5-2-11　安吉县地下水特征评价图

4. 生物圈

1）植被覆盖率

植被覆盖情况可以用数值来表示，负值表示地面覆盖为云、水、雨等，零表示岩石或裸土，正值表示植被覆盖，植被覆盖率越高，数值越大。本书对安吉县植被覆盖率按等间距赋值（表 5-2-11），得到安吉县植被覆盖率评价图（图 5-2-12）。

由图可知，安吉县植被覆盖率整体呈南高北低的趋势，低值区主要分布在北部平原与中部沟谷中，山区则均为高值区。南部山区植被覆盖率为 60%～80% 的区域，可能与植被类型有关。

表 5-2-11 植被覆盖率赋值表

植被覆盖率/%	>80	60~≤80	40~≤60	20~≤40	≤20
赋值	5(好)	4(较好)	3(一般)	2(较差)	1(差)

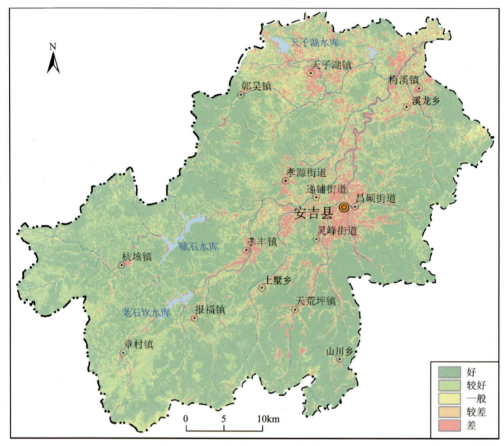

图 5-2-12 安吉县植被覆盖率评价图

2)叶面积指数

本书按照等间隔方式对安吉县叶面积指数进行赋值(表 5-2-12),绘制安吉县叶面积指数评价图(图 5-2-13)。

安吉县叶面积指数高值区,即赋值好和较好的区域主要分布于东部、西部和南部地区,植被以乔木林、竹林等为主;叶面积指数低值区,即赋值差和较差的区域主要分布于中部与北部的城镇密集区,该区域建设用地密度高、植被覆盖率偏低。

表 5-2-12 叶面积指数赋值表

叶面积指数	3~4	4~<5,2~<3	5~<6,1~<2	6~<7,0~<1	0,≥7
赋值	5(好)	4(较好)	3(一般)	2(较差)	1(差)

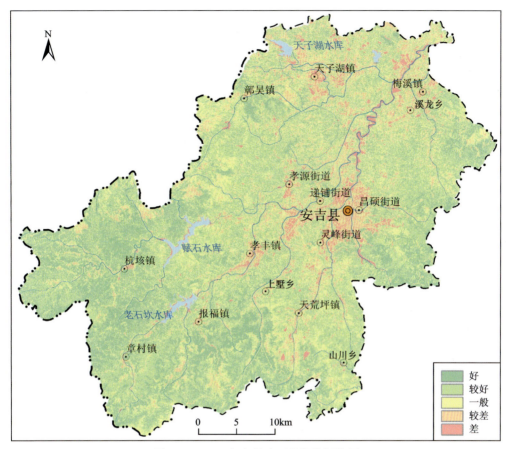

图 5-2-13 安吉县叶面积指数评价图

3）总初级生产力

本书针对安吉县总初级生产力参照表 5-2-13 进行赋值，绘制安吉县总初级生产力评价图（图 5-2-14）。总初级生产力好与较好区域主要位于安吉县中部；一般区域位于北部耕地及周边山区；差和较差区域位于中心城区建设用地、水体区域及南部植被极为茂密区域。该指数总体反映为靠近城区，植被覆盖率下降越快，指数平均值越小；远离城区，植被覆盖率高，指数平均值相对较大。

表 5-2-13 总初级生产力赋值表

总初级生产力	≥100	60~<100	30~<60	10~<30	<10
赋值	5（好）	4（较好）	3（一般）	2（较差）	1（差）

5. 资源与人类活动情况

资源与人类活动情况主要通过单位面积内各种地类的面积占比来体现（密度）。在生态地质的评价中，对于土地利用现状也应当纳入考虑。本书采用单位面积内建筑面积、农田面积以及单位面积内路网长度与宽度乘积之和来反映当地人类活动情况，即建筑密度、农田密度、路网密度,并通过分位数确定赋值(表5-2-14)。

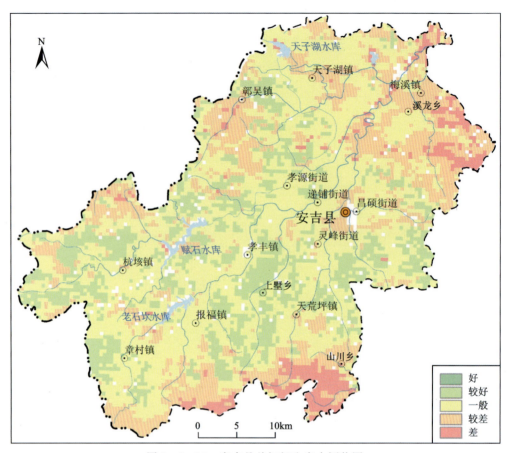

图 5-2-14 安吉县总初级生产力评价图

表 5-2-14 资源与人类活动情况赋值表

单位面积建筑用地占比	单位面积农田占比	单位面积内路网长度与宽度乘积	赋值
≥25%	≥65%	≥50 000	5(好)
6%~<25%	30%~<65%	30 000~<50 000	4(较好)
3%~<6%	15%~<30%	15 000~<30 000	3(一般)
0.3%~<3%	2%~<15%	3000~<15 000	2(较差)
0~0.3%	0~2%	<3000	1(差)

(三)综合评价

1. 判断矩阵与赋权

由于各因子对生态地质的作用机理与影响程度不同,在进行综合评价时,应对单因子赋予不同的权重,运用加权方法进行评价,按式(6-2-1)计算安吉县生态地质评价指标[67]。

$$SS_j = \sum_{i=1}^{18} c(i,j) W_i \qquad (5-2-1)$$

式中：SS_j 为 j 空间单元生态地质脆弱性综合指数；$c(i,j)$ 为 i 因子敏感性等级值；W_i 为 i 因子敏感性权重。

在安吉县生态地质评价指标体系的建立中，权重的大小反映了各评价指标对安吉县生态地质影响程度的高低，因此确定评价指标的权重是建立生态地质评价指标体系中最重要的也是最易受主观因素影响的一个部分。只有选取一个较为符合安吉县实际的生态地质评价指标权重的确定方法来确定各个评价指标在评价体系中的权重，才能较为真实地反映安吉县的生态地质质量状况。

目前用于确定生态地质评价指标体系中各评价指标权重的方法有很多，比较常见的有均方差、隶属变频法、层次分析法、特非法等。其中，层次分析法适用于多目标、多准则、多要素的系统评价，且能够有机结合定性方法与定量方法，使复杂的系统分解，易于决策者了解和掌握，因此层次分析法具有简单的表现形式、深刻的理论内容，以及能对决策中的因素进行统一处理等特点而被广泛应用于各个领域，皆获得了良好的效果。前人经实践与研究发现，将层次分析法运用于生态地质环境影响评价指标的确立可以达到合理、可行的效果，且具有简单、有效的特点。因此，本书采用层次分析法确定安吉县生态地质环境评价的各评价指标的权重。

由表 5-2-15 可知，$\lambda=5.085$，$CI=0.021$，$RI=1.12$，$CR=0.019$，CR 小于 0.10，判断矩阵的一致性较好，表明构建的判断矩阵具有符合要求的随机一致性，判断矩阵构建合理。据此，计算出的 17 个因子权重分配较合理，排序与预判一致，表明根据预判构建的判断矩阵合理，权重分配合适。

表 5-2-15 评价因子判断矩阵及权重赋值表

指标	岩石圈	土壤圈	水圈	生物圈	资源与人类活动情况	W 权重赋值
岩石圈	1	4	2	4	5	0.444 4
土壤圈	1/4	1	1/2	1/2	2	0.110 1
水圈	1/2	2	1	2	3	0.229 8
生物圈	1/4	2	1/2	1	2	0.143 7
资源与人类活动情况	1/5	1/2	1/3	1/2	1	0.072 0

注：λ 为判断矩阵的最大特征根，CI 为判断矩阵的一致性指标，RI 为平均随机一致性指标，CR 为判断矩阵的随机一致性比例。

再按照相同方法，计算出因子得分，最后得到各因子权重表（表 5-2-16）。

2. 生态地质综合评价

在地理信息系统中，把安吉县生态地质评价指标体系的 17 个单因子分别按表 5-2-16 赋权重，按照式（5-2-1）进行计算，得出安吉县生态地质综合评价结果，再按照表 5-2-17 的生态地质综合评价分级标准（SS）进行分级[67]，得到安吉县生态地质综合评价图（图 5-2-15）。

表 5-2-16　各因子权重表

圈层	因子类型	因子权重	圈层	因子类型	因子权重
岩石圈	断裂发育程度	0.135 1	水圈	水资源丰富程度	0.153 2
岩石圈	岩石抗风化能力	0.189 4	水圈	地下水特征	0.076 6
岩石圈	坡度	0.079 9	生物圈	植被覆盖率	0.078 8
岩石圈	坡向	0.040 0	生物圈	叶面积指数	0.034 6
土壤圈	土壤硒含量	0.012 1	生物圈	总初级生产力	0.030 3
土壤圈	土壤重金属含量	0.012 1	资源与人类活动情况	建筑密度	0.024 0
土壤圈	土壤类型	0.053 2	资源与人类活动情况	农田密度	0.037 8
土壤圈	土壤湿度	0.032 7	资源与人类活动情况	路网密度	0.010 2

表 5-2-17　生态地质综合评价分级标准

分级	好	较好	中等	较差	差
分级标准（SS）	≥3.5	3.0～<3.5	2.5～<3.0	2.0～<2.5	1.0～<2.0

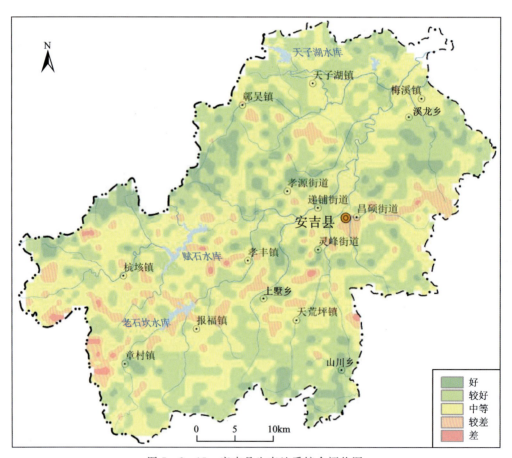

图 5-2-15　安吉县生态地质综合评价图

安吉县生态地质综合评价划分为好、较好、中等、较差和差5个等级(图5-2-15)。其中,评价等级好的区域主要分布在南部山区与北部平原区,南部山区岩石主要为白垩纪火山岩与侵入岩,岩石坚硬,地下水为水质较好的碎屑岩类裂隙水与侵入岩类裂隙水,植被覆盖率高,无重金属污染,地质资源丰富;北部平原区地势平坦,断裂构造不发育,土壤富硒较好,无重金属污染,土壤类型以利于农业种植的水稻土与潮土为主,土壤湿度大,地表水资源丰富,水网密布。评价等级差的区域主要位于安吉县南部,西南部的寒武纪地层分布区,该区域属黑色岩系控制的重金属元素高背景区,存在重金属的背景异常,土层薄,地下水类型为水质较差的基岩溶洞水等。各生态地质区、生态地质亚区综合评价见表5-2-18。

表5-2-18 安吉县生态地质区、亚区综合评价表

生态区	生态亚区	生态地质综合评价	面积/km²	占比/%
Ⅰ龙王山-南天目中低山生态地质区	Ⅰ-1 章村白垩纪花岗闪长岩生态地质亚区	2	1.24	4.12
		3	9.32	30.83
		4	14.82	49.02
		5	4.85	16.03
	Ⅰ-2 统里村白垩纪花岗闪长岩生态地质亚区	2	0.09	0.82
		3	4.68	43.00
		4	6.11	56.18
	Ⅰ-3 龙王山-南天目白垩纪火山岩生态地质亚区	2	3.55	1.57
		3	83.79	37.12
		4	116.06	51.42
		5	22.31	9.89
	Ⅰ-4 仰天坪白垩纪花岗闪长岩生态地质亚区	3	0.05	0.49
		4	8.25	78.15
		5	2.25	21.36
	Ⅰ-5 山川白垩纪花岗闪长岩生态地质亚区	2	0.85	2.38
		3	9.48	26.61
		4	15.87	44.55
		5	9.43	26.46
Ⅱ姚村低山生态地质区	Ⅱ-1 姚村寒武纪灰岩生态地质亚区	1	2.61	2.40
		2	22.68	20.88
		3	63.86	58.79
		4	18.01	16.57
		5	1.47	1.36

续表 5-2-18

生态区	生态亚区	生态地质综合评价	面积/km²	占比/%
Ⅱ 姚村低山生态地质区	Ⅱ-2 高山震旦纪粉砂岩生态地质亚区	1	6.11	24.96
		2	6.52	26.61
		3	8.52	34.76
		4	3.35	13.67
	Ⅱ-3 唐舍白垩纪花岗岩生态地质亚区	1	0.09	1.12
		2	0.08	1.00
		3	3.30	41.20
		4	4.54	56.68
Ⅲ 鄣吴-天荒坪-溪龙丘陵生态地质区	Ⅲ-1 鄣吴-孝丰志留纪砂岩生态地质亚区	2	17.35	8.95
		3	92.81	47.88
		4	60.59	31.25
		5	23.10	11.92
	Ⅲ-2 西岭-民乐白垩纪花岗闪长岩生态地质亚区	1	0.58	0.63
		2	1.09	1.17
		3	10.75	11.58
		4	37.83	40.75
		5	42.58	45.87
	Ⅲ-3 杭垓奥陶纪泥岩生态地质亚区	1	4.42	1.57
		2	50.71	17.99
		3	147.02	52.17
		4	72.42	25.70
		5	7.25	2.57
	Ⅲ-4 天荒坪寒武纪灰岩生态地质亚区	1	1.94	1.95
		2	20.09	20.18
		3	46.36	46.56
		4	27.27	27.38
		5	3.92	3.93
	Ⅲ-5 芽山-石门白垩纪火山岩生态地质亚区	1	0.44	0.31
		2	14.04	9.83
		3	64.91	45.47
		4	57.44	40.23
		5	5.94	4.16

续表 5-2-18

生态区	生态亚区	生态地质综合评价	面积/km²	占比/%
Ⅲ 郭吴-天荒坪-溪龙丘陵生态地质区	Ⅲ-6 钱坑桥志留纪砂岩生态地质亚区	1	0.57	0.42
		2	4.79	3.51
		3	45.07	33.05
		4	62.99	46.18
		5	22.97	16.84
Ⅳ 安吉-梅溪平原生态地质区	Ⅳ-1 安吉-梅溪第四纪含砾砂土生态地质亚区	2	0.33	0.39
		3	42.63	49.99
		4	40.89	47.95
		5	1.43	1.67
	Ⅳ-2 梅溪第四纪亚砂土生态地质亚区	2	0.27	0.52
		3	35.03	67.94
		4	14.47	28.07
		5	1.79	3.47
	Ⅳ-3 独山头第四纪含砾砂土生态地质亚区	3	10.73	50.15
		4	7.61	35.57
		5	3.06	14.28
	Ⅳ-4 孝丰-递铺第四纪含砾砂土生态地质亚区	2	13.22	8.06
		3	95.57	58.30
		4	50.01	30.51
		5	5.13	3.13
Ⅴ 天子湖岗地生态地质区	Ⅴ-1 高禹白垩纪砂砾岩生态地质亚区	2	1.17	1.90
		3	28.42	46.11
		4	32.01	51.93
		5	0.04	0.06
	Ⅴ-2 龙山志留纪砂岩生态地质亚区	2	0.73	1.38
		3	16.50	31.31
		4	26.95	51.14
		5	8.52	16.17

龙王山-南天目中低山生态地质区(Ⅰ)：评价以中等与较好为主。其中,山川白垩纪花岗闪长岩生态地质亚区(Ⅰ-5)中有 9.43km² 区域生态地质综合评价为好,占亚区总面积的 26.46%。

姚村低山生态地质区(Ⅱ)：评价以中等为主。高山震旦纪粉砂岩生态地质亚区(Ⅱ-2)因受黑色岩系影响,约 6.11km² 被评价为差,占亚区总面积的 24.96%。唐舍白垩纪花岗岩生态地质亚区（Ⅱ-3）植被发育，水质好，约4.54 km²被评价为较好，占亚区总面积的56.68%。

鄣吴-天荒坪-溪龙丘陵生态地质区（Ⅲ）：评价以中等和较好为主。其中，西岭-民乐白垩纪花岗闪长岩生态地质亚区（Ⅲ-2）中有42.58 km²被评价为好，占亚区总面积的45.87%。

安吉-梅溪平原生态地质区（Ⅳ）：评价以中等和较好为主。其中，独山头第四纪含砾砂土生态地质亚区（Ⅳ-3）、孝丰-递铺第四纪含砾砂土生态地质亚区（Ⅳ-4）中有少量区域被评价为好。

天子湖岗地生态地质区（Ⅴ）：评价以中等和较好为主。其中，龙山志留纪砂岩生态地质亚区（Ⅴ-2）中有16.17%的区域被评价为好。

二、生态地质区划

本书主要针对农业发展与城市建设进行了生态地质区划研究。

（一）农业区域规划

1. 评价指标筛选与赋权

为了更好地对安吉县进行农业区域规划，本书从单因子评价中选取了与农业较为相关的坡度（P1）、坡向（P2）、海拔（P3）、土壤硒含量（P4）、土壤重金属含量（P5）、土壤类型（P6）、土壤湿度（P7）、水资源丰富程度（P8）与农田密度（P9）作为评价指标，开展了安吉县生态地质农业适宜性评价。

2. 构造判断矩阵并计算权重

根据评价指标确定权重的基本方法，建立判断矩阵，并计算判断矩阵权重（表5-2-19）。

表5-2-19 判断矩阵及赋权表

指标	P1	P2	P3	P4	P5	P6	P7	P8	P9	W
P1	1	1	3	5	1/5	3	3	5	5	0.155 1
P2	1	1	3	5	1/5	3	3	5	5	0.155 1
P3	1/3	1/3	1	1	1/7	1/3	1/3	1/3	1/3	0.032 0
P4	1/5	1/5	1	1	1/7	3	1	3	3	0.071 8
P5	5	5	7	7	1	5	5	7	7	0.366 5
P6	1/3	1/3	3	1/3	1/5	1	1	3	3	0.069 6
P7	1/3	1/3	3	1	1/5	1	1	3	3	0.073 1
P8	1/5	1/5	3	1/3	1/7	1/3	1/3	1	1	0.038 4
P9	1/5	1/5	3	1/3	1/7	1/3	1/3	1	1	0.038 4

注：$\lambda = 10.068$，CI=0.133，RI=1.46，CR=0.091<0.10。

CR 小于 0.10，判断矩阵的一致性较好，表明构建的判断矩阵具有符合要求的随机一致性，判断矩阵构建合理。计算出 9 个因子的权重分配较合理，排序与预判一致，表明根据预判构建的判断矩阵合理，权重 W 分配合适。

3. 安吉县生态地质农业适宜性评价

在地理信息系统中，将安吉县生态地质评价指标体系中的 9 个单因子分别按表 5-2-19 计算权重赋值，得到安吉县生态地质农业适宜性评价结果，然后按照等间距对其进行分类，绘制安吉县生态地质农业适宜性评价图（图 5-2-16）。

总体而言，安吉县普遍比较适合农业发展，其中北部平原区最适宜作为农业发展区域，南部山区，尤其是寒武纪地层周边，不适宜作为农业用地进行开发。

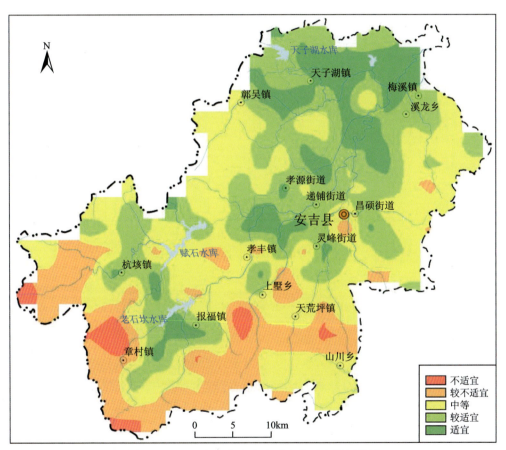

图 5-2-16 安吉县生态地质农业适宜性评价图

本书将上述评价结果与安吉县三调图斑进行了套合，得出农业用地调整建议（图 5-2-17）。安吉县西南部章村镇章里村、茅山村、高山村等地存在少量不适宜区农业用地，建议通过表土剥离等形式，将相关农业用地调整至章村镇上张村、中张村附近的集中连片适宜区农业用地附近。

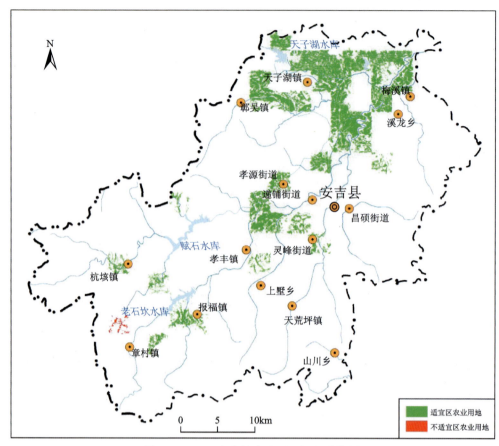

图 5-2-17　安吉县农业用地调整建议图

(二)城镇建设规划

1. 评价指标筛选与赋权

为了服务安吉县城镇建设规划,本书从单因子评价中选取了与城镇建设、地质灾害稳定性较为相关的断裂发育程度(P_1)、岩石抗风化能力(P_2)、坡度(P_3)、坡向(P_4)、海拔(P_5)、地下水特征(P_6)、水资源丰富程度(P_7)、建筑密度(P_8)、路网密度(P_9)等因子作为评价指标,开展安吉县生态地质城镇建设性评价。

2. 构造判断矩阵并计算权重

根据评价指标确定权重的基本方法,建立判断矩阵,并计算判断矩阵权重(表 5-2-20)。
CR 小于 0.10,判断矩阵的一致性较好,表明构建的判断矩阵具有符合要求的随机一致性,判断矩阵构建合理。计算出 9 个因子的权重分配较合理,排序与预判一致,表明根据预判构建的判断矩阵合理,权重分配合适。

表 5-2-20 判断矩阵及赋权表

指标	P1	P2	P3	P4	P5	P6	P7	P8	P9	W
P1	1	3	5	5	7	7	3	3	3	0.295 9
P2	1/3	1	3	3	5	5	1	1	1	0.138 4
P3	1/5	1/3	1	1	3	3	1/3	3	3	0.102 3
P4	1/5	1/3	1	1	3	3	1/3	3	3	0.102 3
P5	1/7	1/5	1/3	1/3	1	1	1/5	1/3	1/3	0.285
P6	1/7	1/5	1/3	1/3	1	1	1/5	1/3	1/3	0.285
P7	1/3	1	3	3	5	5	1	1	1	0.138 4
P8	1/3	1	1/3	1/3	3	3	1	1	1	0.828
P9	1/3	1	1/3	1/3	3	3	1	1	1	0.828

注：$\lambda=9.941$，$CI=0.118$，$RI=1.46$，$CR=0.081<0.10$。

3. 安吉县生态地质城镇建设适宜性评价

把安吉县生态地质评价指标体系的9个单因子分别按表5-2-20计算权重赋值，得到安吉县生态地质城镇建设适宜性评价结果，并按照等间距对其进行分类，绘制安吉县城镇建设适宜性评价图（图5-2-18）。由图可知，安吉县城镇建设适宜区主要分布在北部平原与中部安吉县县城周边，沿沟谷有少量分布。

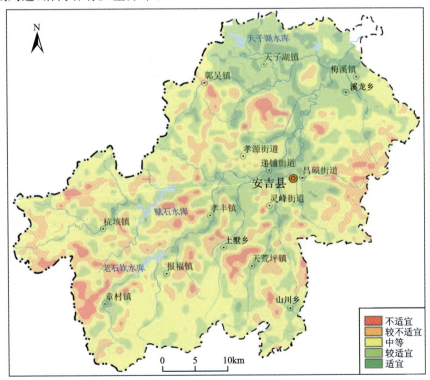

图 5-2-18 安吉县城镇建设适宜性评价图

第六章　重要功能区生态地质特征

第一节　余村"两山"理念示范区

一、示范区工作概况

余村"两山"理念示范区位于安吉县天荒坪镇,镇中心距湖州市区约86km,东与余杭区交界,南与杭州市临安区接壤,西连上墅乡,北接灵峰街道,属西苕溪流域。天荒坪镇与上海、杭州、南京等周边大城市邻近。距上海约200km,距杭州约60km,距南京约190km。天荒坪镇境内有S04省道、临青省道、青孝线等重要交通干线贯穿,杭宁、杭长、申苏浙皖高速、商合杭高铁、申嘉湖高速西延直接通达,美丽公路S201、S205紧密联通,处于长三角2小时都市圈,地理区位优势明显(图6-1-1)。

图6-1-1　余村"两山"示范区交通位置示意图

2018年,示范区中心的余村实现国内生产总值2.783亿元,人均收入44 680元,村集体经济收入达到471万元。余村的美丽乡村建设、生态文明建设、民主法治建设、余村经验等工作走在浙江省乃至全国前列,是全国文明村、全国美丽宜居示范村、全国民主法治示范村、全国生态文化村、国家AAAA级景区、全国农村优秀学习型村居、全国人民调解工作先进集体、浙江省首批全面小康建设示范村、浙江省消费建设示范样板单位、湖州市乡村治理示范村、安吉县美丽乡村精品示范村等。

二、示范区生态地质资源

1. 地质遗迹资源

示范区已发现地质遗迹4处。根据《地质遗迹调查规范》(DZ/T 0303—2017)及其他地质遗迹相关资料文献,示范区地质遗迹可分为基础地质和地貌景观2个大类,包括重要岩矿石产地、火山地貌、构造地貌共3种类型。

1)冷水洞矿山遗址

该遗址原为石灰岩矿山,开采于1974年,所产矿石主要供应3个石灰窑烧石灰使用。矿区出露的地层主要有大陈岭组和杨柳岗组。矿区地面现已整体铺设鹅卵石,并开辟小道,内部种植景观绿化植被,石灰窑已进行人工修复(图6-1-2)。

图6-1-2 矿山遗址

大陈岭组下部为灰色—深灰色中层状白云质灰岩与微层状灰质白云岩互层;中部深灰色—黑色含碳泥质或粉砂质硅质岩夹白云质灰岩;上部深灰色薄—中层状微晶灰岩或白云质灰岩与微层状泥灰岩或白云质灰岩互层。杨柳岗组下部岩性主要为灰黑色薄层状硅质泥岩、硅质岩,夹泥质灰岩,常见大透镜状灰岩,往上硅质减少,钙泥质增加,底部以薄层状硅质泥岩与下伏大陈岭组白云质灰岩呈整合接触。上部岩性主要为深灰色薄—中层状泥灰岩夹条带状—薄层状微晶灰岩,局部夹饼条状微晶灰岩;顶部为深灰色薄—中层状泥灰岩与条带状—薄层状微晶灰岩互层,往上泥质减少,钙质增多,泥灰岩逐渐减少,微晶灰岩增多。该矿床开采的矿石主要为微晶灰岩。

2）余村同生变形构造——帐篷构造＋滑塌构造

余村同生变形构造位于余村废弃采石场，产于寒武系大陈岭组地层中，主要由微纹层理发育的微晶灰岩与泥质灰岩以及含碳质硅质泥岩组成。同生变形构造下部发育帐篷构造，上部发育滑塌构造。

帐篷构造：主要发育于大陈岭组下部，地层平缓，可见 3 层帐篷构造层（图 6-1-3）。随着海平面的多次升降变化，各层因暴露地表收缩干裂形成的"角砾化"碳酸盐岩，原始层理构造清晰可见，且与上、下地层产状一致。其中，下部帐篷构造层底部出现指示帐篷构造典型的倒"V"字形（图 6-1-4），帐篷构造轴面与岩层面垂直，轴顶部呈尖头状，角砾化碳酸盐岩呈椭球状排列；中部帐篷构造层由 20～40cm 大小不等的呈次棱角状—次圆状角砾化碳酸盐岩组成，局部角砾化碳酸盐岩堆积反映了古水流方向（图 6-1-5）；上部帐篷构造层中的角砾化碳酸盐岩呈透镜状、棒状，长轴长 15～30cm 不等，数量少，呈叠瓦状排列，亦反映了与中部帐篷构造一致的古水流方向（图 6-1-6）。从下到上的 3 层帐篷构造层反映出寒武纪早期余村一带总体为潮坪环境，描述海水逐渐变浅、水动力逐渐变强的过程。

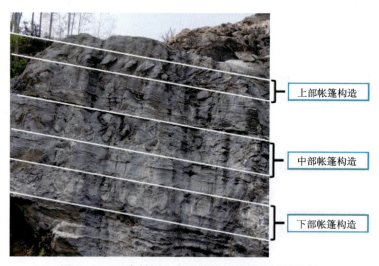

图 6-1-3　余村同生变形构造帐篷构造远景特征

图 6-1-4　余村同生变形构造下部帐篷构造特征

注：下部帐篷构造底部出现典型的倒"V"字形（箭头所指），"角砾化"碳酸盐岩中层理清晰，与上、下层面一致。

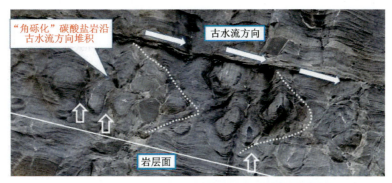

图 6-1-5　余村同生变形构造中部帐篷构造特征

注：中部帐篷构造底部局部出现倒"V"字形（箭头所指），"角砾化"碳酸盐岩沿古水流方向堆积，与上、下层面一致。

图 6-1-6　余村同生变形构造上部帐篷构造特征

注：上部帐篷构造底部局部出现倒"V"字形（箭头所指），叠瓦状堆积的"角砾化"碳酸盐岩指示古水流方向。

滑塌构造：主要发育于大陈岭组上部，可见出露宽度约 20m 的滑塌体（图 6-1-7），滑塌体地层倾角从平缓到陡峭，至局部倒转。地层倾角平缓区域发育大规模的同沉积滑塌褶皱（图 6-1-8），地层倾角陡峭区域局部夹有帐篷构造层（图 6-1-9），地层倾角陡直区域岩性中微晶灰岩减少，含碳硅质泥岩增多，同沉积滑塌褶皱发育。

图 6-1-7　余村同生变形构造滑塌构造远景特征

图6-1-8 余村滑塌构造同沉积滑塌褶皱特征

图6-1-9 余村滑塌构造中出现的帐篷构造夹层
注：滑塌体中的帐篷构造，箭头所指为倒"V"字形形态。

余村同生变形构造主要发育于微晶灰岩中，该岩石发育微纹层理，由于后期地下水的冲刷，岩层面受侵蚀，形成"同心圆"与"波浪纹"构造。岩石中还常见灰岩球，并发育揉皱。由于后期的水流侵蚀，该处还形成了小型岩溶地貌。另据中国科学院南京地质古生物研究所相关研究成果，该地质遗迹点还存在微生物席。

余村同生变形构造对研究浙西寒武纪早期—中期沉积环境、古地理环境以及地质事件具有重要科学研究价值。

3）天荒坪火山

天荒坪火山位于天荒坪镇天荒坪蓄水库，平面上呈近南北向椭圆形，长轴长约2km，短轴长约1km，面积约2km^2。地形地貌上呈凸起高山（蓄水能电站）。

该火山由黄尖组组成，地层外老内新，表现微斜内倾特征，平面上呈环形分布。岩相组合从外向内依次为火山碎屑流相夹火山沉积相(流纹英安质含角砾晶玻屑熔结凝灰岩,局部夹凝灰质含砾粉砂岩)→火山沉积相(凝灰质含砾粉砂岩、沉角砾凝灰岩、沉凝灰岩等互层)→侵出相(流纹斑岩)。该火山经历了火山爆发→间歇沉积→酸性岩浆侵出的过程。

4) 长谷洞天峡谷

长谷洞天峡谷为一处天然断裂构造,属于构造地质遗迹。峡谷受南北向断裂构造作用,两侧形成典型的崖嶂景观。峡谷中岩石节理构造发育,溪沟溯源侵蚀在构造面处形成陡坎,或在裂点处形成陡崖,或在溪沟中堆积大量砾石、块石,形成大量的瀑布跌水,故长谷洞天峡谷素来有"小三峡"之称(图6-1-10)。长谷洞天峡谷有着茂密的森林、清冽的泉水、迷人的瀑布、秀丽的水潭,是名副其实的水的世界、瀑布的世界、休闲的胜地。

图6-1-10 长谷洞天峡谷

2. 富硒土地资源

根据安吉县1∶5万土地质量地质调查数据,示范区耕地表层土壤硒含量水平较高,平均值为0.62mg/kg,余村和山河村土壤硒含量最高,平均值分别为0.97mg/kg和0.96mg/kg,银坑村硒含量虽然相对最低,为0.43mg/kg,但该值高于土壤富硒标准(0.40mg/kg),也高于浙西地区平均值(0.32mg/kg)。示范区富硒土壤面积达5900余亩,占总耕地面积的86.2%,在各村均有分布。富硒土壤资源是地质作用留下的珍贵资源,为富硒农产品开发提供了物质基础。

三、生态地质资源开发利用建议

(一) 地质遗迹资源开发利用建议

天荒坪镇地质演化历史悠久,地质遗迹资源丰富、类型多样。本书根据主要地质事件,以余村"两山"理念示范区为中心,结合不同受众群体研学旅游需求,以典型地质遗迹资源为载体,规划余村"地史之旅""生态之旅""岩石之旅"3个方向的研学旅游路线。

1. 地史之旅

根据天荒坪镇的地质演化历史,结合典型地质遗迹景观,以时间为轴规划余村"两山"理念示范区"寒武纪→白垩纪→第四纪"穿越时空的研学考察路线(图6-1-11),探秘天荒坪镇的"前世今生",最终达到了解地质演化历史、科普地学知识的目的。

图6-1-11 地学研学路线建议图

1)寒武纪研学

地点:矿山遗址。

主要地质事件:海水侵袭。

研学内容:了解余村最早的环境(寒武纪海洋环境);认识石灰岩及其成因;了解认识褶皱构造;了解石灰岩矿的用途及其开发利用对生态环境的影响。

余村矿山石灰岩矿形成于距今约5.4亿年的寒武纪时期。当时的余村还是一片汪洋大海,海水中富含较多的生物碎屑。随着海平面的升降,形成了两套岩石,一套为黑色的碳质泥岩，另一套为浅灰色的灰岩。余村石灰岩矿主要为浅灰色灰岩。

灰岩不仅发育微纹层理，还常常发育褶皱构造。远处可清晰地看到一个由浅灰色岩石构成的"U"形石壁，这是一个典型的褶皱构造。由于尚未确定地层的新老关系，可以暂时称之为"向形褶皱"（图6-1-12）。这种现象在浙西北地区比较常见，是地质构造运动的一个宏观表现形式。

图6-1-12　"向形褶皱"构造

2）白垩纪研学

地点1：江南天池。

主要地质事件：火山喷发。

研学内容：了解火山喷发的地球动力学原理、喷发类型，认识火山岩；了解江南天池的地质成因；了解江南天池的开发利用史；了解火山喷发与生态环境及人类文明的关系。

距今约1.3亿年的白垩纪时期，当时浙江大地火山喷发事件频发，江南天池即为当时的一个大型火山口。这里也因亚洲第一、世界第二的天荒坪抽水蓄能电站闻名遐迩。天荒坪抽水蓄能电站的特殊之处就在于抽水蓄能。在夜晚，电站利用电网过剩的电力，将下库的水抽到上库，两者落差近600m，使电力转化为势能蓄存起来；在白天，再放水发电，并融入华东电网，从而解决了白天电力供应不足的情况，又利用昼夜电力差价创造了巨大的经济价值。

天荒坪火山经历了喷发—沉积—喷溢的过程。早期火山强烈喷发形成大套火山岩；中期火山停止喷发，沿火山口四周堆积形成一套岩层面向火山口倾斜的火山沉积岩；晚期岩浆喷发强度小，主要以溢流的方式流出火山口。江南天池位于晚期形成的岩石之中。

地点2：长谷洞天。

主要地质事件：构造运动。

研学内容：了解认识断裂构造；了解高山峡谷的地质成因；了解地质构造运动与现今地貌的关系。

在白垩纪火山活动的同时,还常常伴随大型的断裂构造运动,形成典型的火山岩峡谷地貌。在火山岩地区,可以看到峡谷和山峰相间出现的壮观景象。

3）第四纪研学

地点1：盘山公路观景台。

主要地质事件：夷平作用。

研学内容：了解夷平作用和夷平面；认识天荒坪所属的夷平面高程和夷平面地质特征。

远处,可以看到山峰最高处的海拔近乎相等,在900m左右,说明这里的山峰顶面在远古时期是一个平面,地质学上称之为"夷平面"（图6-1-13）。在地壳稳定时期,地面经长期剥蚀—堆积夷平作用,形成准平原,之后地壳抬升,准平原受切割破坏,残留在山顶或山坡,形成夷平面。

图6-1-13　天荒坪东侧夷平面

地点2：竹海碧波。

研学内容：了解土壤形成的地质学机理；了解适宜竹子生长的土壤母岩、成土母质、土壤类型；了解竹子种植与生态环境的关系。

安吉县种竹历史由来已久,是我国著名的竹乡。中国大竹海是单纯以毛竹为主的林地,有"中国毛竹看浙江,浙江毛竹看安吉"之誉！毛竹适宜生长于土层深厚、有机质及矿物质营养丰富、排水和透气性能良好的酸性—微酸性砂质土壤之中,土壤母岩以花岗岩为佳。中国大竹海就处于白垩纪花岗岩分布区,其地质环境对毛竹的生长可谓得天独厚。

地点3：生态余村。

研学内容：了解富硒土壤的成因；了解不同种类农产品的富硒差异；了解"两山"理念与生态环境改善的关系。

为了保护生态环境、发展生态经济,余村走上了一条可持续发展、人民有幸福获得感的正确道路。经地质调查发现,余村"两山"理念示范区整体Se含量较高,清洁富硒土壤面积约

555亩,为富硒农产品的开发提供了物质基础,也成就了余村"金山银山"的美名。

2. 生态之旅

生态之旅主要以天荒坪余村一带"原生态矿山—开采矿山—修复矿山"的生态地质环境现状为实例进行路线规划,呈现"生态好(原生态矿山)—生态差(开采矿山)—生态美(修复矿山)"的生态变迁,让人们亲身感受破坏生态环境的严重后果,真正领悟保护生态环境、利用好生态资源的重要性,最终实现"绿水青山就是金山银山"。

1)原生态矿山

余村一带出露寒武纪荷塘组、大陈岭组和杨柳岗组3个地层。其中,荷塘组以碳硅质泥岩为主;大陈岭组为微晶灰岩;杨柳岗组岩性较杂,包括泥质灰岩、微晶灰岩夹碳硅质泥岩。余村石灰岩矿山的选址,经对比研究,最终选择大陈岭组、杨柳岗组大套灰岩出露地区。

余村大山深处,有一处未开采的"矿山",环境优美,灰岩形成的岩溶地貌在翠绿的竹林中若隐若现,犹如世外桃源。灰岩发育清晰的微纹层理(图6-1-14),由于矿物成分的差异,出现了浅灰白色、浅灰色互层的特征。岩石露头经后期流水的冲刷侵蚀,出现了美丽的"同心圆"及"波浪纹"。该处发育典型的滑塌构造,地质现象丰富。总之,未开采的石灰岩矿山风景优美,环境宜人。

图6-1-14 灰岩微纹层理特征

2)开采矿山

(1)"矿山"旧址:余村开采的石灰岩矿山主要分布于寒武纪大陈岭组和杨柳岗组两个地层中。20世纪90年代,余村的矿山开采量大,年产量最高达24万t。然而,矿石的开采严重破坏了山体结构,导致植被损毁、水土流失。不仅如此,矿山周边的土壤因粉尘、污水影响,也出现了不同程度的污染,严重威胁当地群众的生命健康。

(2)水泥厂旧址:20世纪90年代,为发展经济,余村大力开矿、修建水泥厂。从废弃水泥厂(图6-1-15)规模可以看出当时余村的矿业经济很发达。然而,水泥厂的污染相当严重,不仅有粉尘污染,还有二氧化硫、一氧化碳等废气污染,让余村常年笼罩在烟雾之中。石灰窑中高温形成的热辐射,使周边草木枯死、植被稀少。同时,夹杂在粉尘中的重金属随雨水降落到地面,污染土地和水源。

图6-1-15　水泥厂旧址

3)修复矿山

2001年,安吉县确立了"生态立县"的战略目标,要求逐步停止矿石开采。余村自2002年开始关停矿山,到2004年底将其全面停产,随后对冷水洞矿山进行了复垦复绿。2016年,结合"两山"森林特色小镇建设,安吉县对冷水洞矿区进行改造,建设了矿山遗址,将矿坑底部场地进行整理,整体铺设砾石,种植景观绿化植被,并增设采矿类型的景观小品,显示矿坑年代记忆。采用钢材,运用浮雕、镂空等形式,打造了一条"年代印象带",以展示矿坑时间历史、效益以及未来发展方向。同时,在岩壁局部种植铁皮石斛,通过产业植入,体现"两山"精髓。

总之,修复的冷水洞矿山生态环境逐渐变好,可更好地服务余村全域的旅游。

3. 岩石之旅

岩石之旅以典型地质遗迹资源、典型地质现象为载体,根据"火山强烈喷发形成火山碎屑岩—火山喷溢形成流纹岩—风化产物搬运堆积形成沉积岩"的岩石转化顺序进行路线规划,通过实物感受岩石的变化过程,认识沉积岩和火山岩。

1)火山碎屑岩研学

地点:藏龙百瀑。

研学内容:了解火山碎屑岩的成因;认识不同类型的火山碎屑岩;认识火山碎屑岩形成的地貌景观特征。

藏龙百瀑位于天荒坪火山的东侧,所见岩石由白垩纪时期天荒坪火山强烈喷发、火山物质喷出地表堆积形成,主要为火山碎屑岩,局部可见火山角砾。火山喷发之后发生强烈的构造运动,主要形成3组节理构造,将岩石切成大小不一的"豆腐块"。今天所见的火山岩峡谷地貌、峰丛地貌及蔚为壮观的"藏龙百瀑"景观都是构造运动的结果。

2)流纹岩研学

地点:江南天池。

研学内容:认识流纹岩、流纹构造;了解流纹岩的地质成因;了解天荒坪破火山的形成演化过程。

白垩纪天荒坪火山喷发的后期,火山喷发强度减弱,岩浆从火山口流出地表,冷却形成流纹岩,局部可见岩浆流动的痕迹,即流纹构造,流面反映了岩浆流动的方向。岩石中多见肉红色2～3mm的短柱状矿物——钾长石,地质学上称之为"斑晶",是岩浆在上升过程中先期冷却形成的矿物。

3)火山沉积岩研学

地点:江南天池。

研学内容:认识火山沉积岩;了解火山沉积岩的地质成因;了解天荒坪破火山经历休眠、接受沉积的地质故事。

白垩纪天荒坪火山喷发的中期,火山停止喷发,火山口附近存在"凹坑"。四周岩石经剥蚀、搬运,在火山口"凹坑"中堆积形成火山沉积岩。该套岩石呈薄—中层状,主要岩性为凝灰质砂岩、凝灰质粉砂岩,岩层面向火山口倾斜。

4)灰岩研学

地点:余村矿山。

研学内容:认识灰岩;了解灰岩的地质成因以及灰岩形成的结构构造;了解余村寒武纪时期的地质事件。

寒武纪时期,余村主要为海洋环境,伴随海平面的升降变化以及物质成分的变化,形成了微晶灰岩、泥质灰岩、碳硅质泥岩等岩石。该处主要为发育微纹层理的微晶灰岩。由于矿物成分的差异,灰岩出现了浅灰白色、浅灰色互层的特征。由于后期流水对岩石表面冲刷侵蚀作用或局部垮塌作用,露头上出现了美丽的"同心圆"和"波浪纹"。

(二)富硒土壤资源开发利用建议

富硒土壤开发等级划分主要依据土壤硒含量评价和土壤重金属综合评价成果。本书利用土壤硒评价图和土壤重金属生态风险综合评价图相叠加的方法,以耕地图斑为单位,根据土壤富硒程度、有无污染,将示范区各地划分为适宜开发区和潜在适宜开发区(图6-1-16,表6-1-1),根据土壤富硒区重金属异常情况,提出不同等级富硒开发区土壤环境改良和农业种植建议,为示范区富硒土壤的开发利用奠定基础。示范区各开发区特征如下。

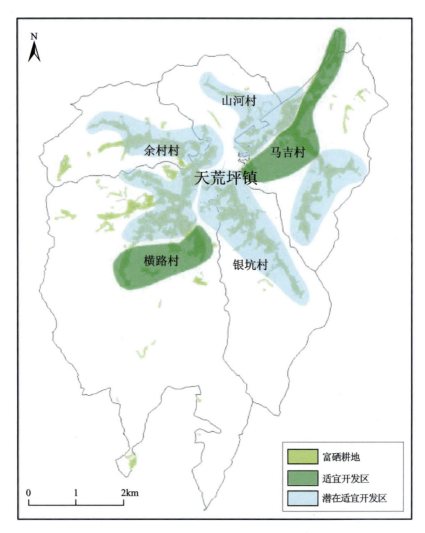

图 6-1-16 余村"两山"理念示范区富硒土壤开发区划图

表 6-1-1 余村"两山"理念示范区富硒土壤开发区分级

开发区等级	定义	说明
适宜开发区	土壤富硒且清洁	土壤条件符合《天然富硒土地划定与标识》(试行)(DD 2019-10)标准,具有广普种植功能,开发可直接产生经济效益
潜在适宜开发区	土壤富硒、有轻微生态风险	经前人研究,高地质背景引起的重金属异常生态风险较小,重金属元素可被农作物吸收的活性部分占比不高。富硒土壤具有开发利用前景,需进一步详查土壤和确定农作物

1. 适宜开发区

该区土壤富硒且清洁，具有广普种植功能，建议开发富硒农产品，直接产生经济效益。

2. 潜在适宜开发区

该区土壤富硒，但重金属有轻微生态风险。由于高地质背景引起的重金属异常生态风险较小，建议开展土壤和农作物详查，确定农产品安全情况。若农产品安全，则可参照适宜开发区，直接开发富硒农产品，但要定期对农产品进行安全监测；若农产品重金属含量超标，则需进行土壤环境改良和农业种植调整。

减少富硒区农产品对重金属的吸收可采取以下措施。

1）改善土壤理化环境

（1）增施有机肥：施加有机肥不仅能提高土壤对酸化的缓冲能力，从而使土壤pH升高，降低重金属的溶解度，同时提高土壤腐殖质对重金属的吸附和络合作用，减少重金属进入土壤溶液中。

（2）配方施肥：选用适当的肥料（如钙镁磷肥、磷矿粉等中性或碱性肥料）既可以调节土壤pH，又能提高作物产量。

（3）适当施入改良剂：经常用作改良剂加入到污染土壤的石灰性物质有熟石灰、硅酸钙、硅酸镁钙等。这些石灰性物质能中和土壤酸性，提高土壤pH，降低重金属溶解度。另外，钙还能改善土壤结构，增强在植物根表面对重金属离子的拮抗作用。

2）调整种植结构

（1）在对酸性土壤进行改良的基础上，选育优质的、对重金属吸收能力较弱的水稻进行驯化种植，培育出具有当地特色的新型富硒稻米。

（2）该区建议种植玉米、番薯、竹笋、油菜等农产品，也可选择种植杨梅、枇杷、青梅、杏、桃、柿、枣等果树。这些农作物和果树对重金属吸收能力较弱，但对土壤中的Se较容易吸收，进而形成富硒农产品。

（3）由于豆类、甜菜、萝卜对Cd较为敏感，叶菜类也对Cd吸收能力较强。因此，该富硒区应避免种植上述蔬菜。

第二节　安吉白茶适宜性调查与区划

一、白茶分布特征

众所周知，生物是环境的统一体，生物依赖于环境而生存。茶树也不例外，它只能在一定的环境中生存,并有规律性地分布。从宏观来看,安吉县所处的生物与气候带条件大体一致,茶树生长的重要环境因素主要是局部的岩石-土壤以及所处的地形地貌条件。从本质上说,茶叶中各有益元素含量取决于成土母岩的元素背景含量。

安吉白茶较为集中连片的种植区主要聚集于两大区域:一是位于孝源街道与天子湖镇、递铺街道三地接壤部位(Ⅰ区),平面上大致呈北东向分布;二是位于溪龙乡、梅溪镇和递铺街道三地接壤部位,平面上也大致呈北东向分布(Ⅱ区)。此外,梅溪镇西部(Ⅲ区)和县域最北部的南湖林场也有小面积连片白茶种植区(Ⅳ区),递铺街道南西(Ⅴ区)和报福镇南西(Ⅵ区)有小面积集中分布,鄣吴镇与灵峰街道虽有较大面积的茶园分布,但连片性较差。其余地区仅有零星茶园分布(图6-2-1)。

Ⅰ区、Ⅱ区和Ⅲ区主要出露志留系唐家坞组、康山组。岩性主要为岩屑细砂岩、石英砂岩、粉砂岩、粉砂质泥岩等。土壤类型以红壤为主,涉及黄红壤和侵蚀型红壤2个亚类,包含黄泥土、黄红泥土、红砂土、黄泥砂土4个土属。其中,由石英砂岩、粉砂岩等风化残坡积物发育形成的黄泥砂土,呈黄红色,土层厚,一般厚度在0.5～1.2m之间,酸性,质地为粉砂质黏壤土,土层土体构型为A-(B)-C型或A-C型。

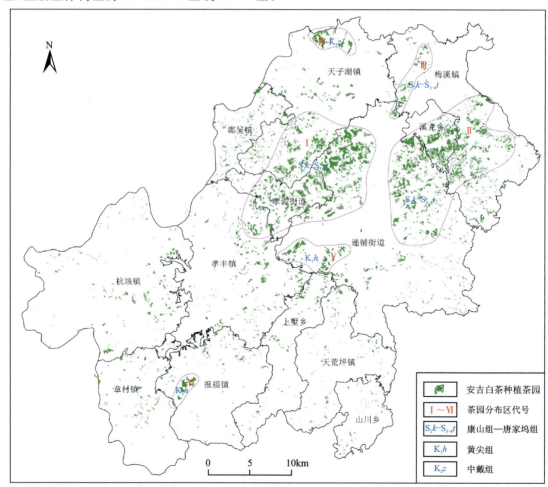

图6-2-1 安吉白茶种植茶园分布图

Ⅳ区主要出露白垩系衢江群中戴组,岩性主要为紫红色砾岩、砂砾岩夹砂岩、粉砂岩、泥岩,土壤类型属红壤类黄红壤亚类的红砂土属。Ⅴ、Ⅵ区主要出露白垩系黄尖组和劳村组,岩性主要为流纹岩、流纹质火山碎屑岩,夹砂岩、粉砂岩、粉砂质泥岩、砾岩等,土壤类型主要为红壤类黄红壤亚类黄泥土、侵蚀型红壤亚类石砂土等。另外,在杭垓镇、报福镇、上墅乡等地的寒武系中有少量茶园分布,南部的黄尖组中有零星茶园分布。

白茶种植区成土母质主要为砂泥岩类残坡积物和凝灰岩类残坡积物。砂泥岩类残坡积物的母岩主要为志留系长石石英砂岩、粉砂岩、岩屑砂岩、泥岩等岩性,风化发育程度较低,风化壳较薄,石英砂岩、粉砂岩残坡积物多发育成黄红壤。凝灰岩类残坡积物的母岩为白垩系火山喷发物,由于岩石坚硬,形成的山体较陡,风化壳易遭受剥蚀,风化后母质中含较多的角砾与石英,风化层薄,风化程度较低,红壤化作用较弱,该类母质形成红壤和黄红壤。

二、白茶产区土壤地球化学特征

1. 不同地质单元土壤元素含量

不同地质环境下形成的地层,化学成分差别显著。土壤由岩石风化而来,继承了成土母岩的地球化学特征,成土母岩中矿物质元素含量直接影响其所形成的土壤中矿物质元素的含量,成土母岩中含量高的元素,对应土壤中同一元素含量也相对更高。本书对安吉县白茶产区土壤元素含量进行了统计,统计结果列于表6-2-1。

(1)氧化物含量对比结果显示,白垩系中戴组、志留系唐家坞组和康山组、寒武系大陈岭组形成的土壤中 SiO_2 含量较高(图6-2-2);Fe_2O_3 在白垩系黄尖组和劳村组、志留系唐家坞组和康山组及寒武系大陈岭组形成的土壤中含量较低,在其他土壤环境中较高;中酸性侵入体形成的土壤中 Al_2O_3、Na_2O、K_2O 的含量普遍高于其他地层土壤;CaO 和 MgO 的高含量突出表现在寒武系土壤环境中,其中荷塘组土壤环境最高,奥陶系印渚埠组形成的土壤中也相对较高。

(2)N、P的含量则呈现随地层由新至老,含量趋于升高的特征。

(3)B在土壤中的含量呈现出寒武系>奥陶系>志留系>侏罗系和第四系>中酸性侵入体的变化特点。

(4)Se的高含量主要体现在寒武系西阳山组、华严寺组、杨柳岗组、大陈岭组、荷塘组岩石风化形成的土壤中,其含量已到达富硒水平。由此可以认为,安吉县土壤中Se元素的主要来源受上述地层岩性的控制。

(5)Cd的高含量主要集中出现在寒武系形成的土壤中,其含量水平要高出一般地层形成的土壤4~10倍;在奥陶系印渚埠组及整个寒武系岩石风化形成土壤中,Cr、Ni、As的含量普遍较高;通过表6-2-1还可以发现,荷塘组形成的土壤表现出Cd、Ni、Cr、As、V、U、Ca、Zn等众多重金属元素明显富集的地球化学特征。因此,寒武系和奥陶系形成的土壤中产出的茶叶等农产品存在重金属超标风险,可能影响茶叶饮用安全和品质。

表 6-2-1　安吉县不同地质背景区土壤元素含量一览表[67]

指标	单位	中戴组	黄尖组	唐家坞组	康山组	印渚埠组	西阳山组	华严寺组	杨柳岗组	大陈岭组	荷塘组
SiO_2	%	77.98	72.58	76.87	78.45	71.34	71.55	71.57	71.20	76.95	72.74
Al_2O_3	%	11.17	13.50	10.99	10.57	13.50	12.55	12.18	10.98	10.20	10.61
Fe_2O_3	%	4.45	3.73	3.90	3.60	5.20	5.09	4.36	4.13	3.78	4.39
MgO	%	0.53	0.60	0.59	0.60	1.17	1.75	1.63	1.51	1.00	1.86
CaO	%	0.23	0.29	0.15	0.23	0.35	0.67	0.68	0.71	0.44	0.99
Na_2O	%	0.39	0.68	0.25	0.40	0.39	0.31	0.37	0.51	0.39	0.34
K_2O	%	1.47	3.28	1.54	1.67	2.50	2.56	2.34	2.24	2.15	1.79
N	mg/kg	110	210	90	140	210	220	210	210	210	200
P	mg/kg	377.80	510.79	414.69	491.64	557.75	750.23	773.31	644.56	562.05	710.09
S	mg/kg	0.02	0.03	0.02	0.02	0.03	0.03	0.03	0.03	0.04	0.04
Mn	mg/kg	281.14	520.05	459.84	168.44	284.64	195.15	173.50	240.45	151.22	181.99
Cu	mg/kg	18.91	17.54	17.84	20.40	29.67	44.77	42.38	39.00	43.44	53.48
Zn	mg/kg	45.98	75.54	49.00	51.15	90.41	131.84	116.10	113.33	115.94	170.79
Mo	mg/kg	0.83	0.96	0.66	0.59	0.87	2.02	1.43	2.14	4.13	2.36
B	mg/kg	63.89	32.99	56.70	65.55	66.63	71.93	61.39	73.89	78.83	74.11
Se	mg/kg	0.36	0.33	0.47	0.36	0.39	0.69	0.57	0.66	0.93	0.98
Cd	mg/kg	0.06	0.20	0.08	0.11	0.25	0.90	0.67	0.71	0.60	1.33
Hg	mg/kg	0.06	0.10	0.06	0.07	0.10	0.12	0.12	0.09	0.10	0.10
Pb	mg/kg	23.71	35.34	23.12	24.38	29.40	30.42	39.00	34.70	37.14	42.62
As	mg/kg	10.55	4.78	7.08	5.55	9.94	20.24	19.00	10.90	13.43	11.49
Ni	mg/kg	18.51	12.45	18.15	18.66	31.07	38.81	29.85	31.25	37.56	50.77
Cr	mg/kg	60.33	30.80	57.48	69.37	77.26	84.07	79.40	71.00	71.09	105.92
Co	mg/kg	8.70	6.59	9.97	10.30	13.94	14.88	11.79	11.21	10.06	11.53
V	mg/kg	90.76	63.18	71.34	79.60	99.70	134.70	118.31	138.36	130.02	228.56
U	mg/kg	2.99	3.62	2.56	2.70	2.74	3.85	3.74	5.00	4.95	7.09
Cl	mg/kg	41.98	62.32	80.20	51.42	50.12	52.22	59.85	64.56	56.56	61.07
I	mg/kg	3.11	1.59	3.23	0.82	1.05	1.11	1.13	0.86	1.03	1.25
F	mg/kg	361.57	342.33	317.16	356.74	526.99	1 028.38	761.78	790.71	571.34	647.78

注：数据引自 2008 年浙江省地质调查院的《浙江省安吉县农业地质环境调查报告》。

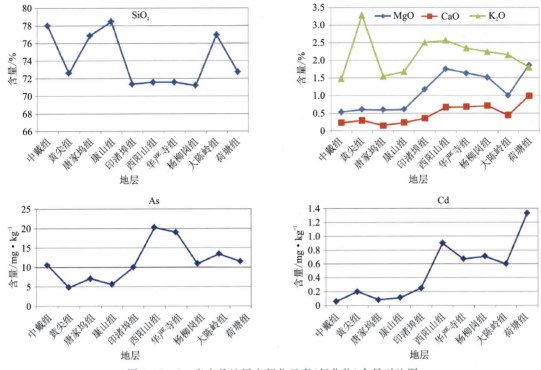

图 6-2-2　安吉县地层中部分元素(氧化物)含量对比图

(6)在第四系、侏罗系、志留系、奥陶系形成的土壤及中酸性侵入体形成的体土壤中 F 的含量变化不大,一般在 350～500mg/kg 之间,而在寒武系形成的土壤中 F 含量达到 600～1000mg/kg 水平。在表生风化过程中,F 从各种含 F 矿物和岩石中分解释放出来,游离态的 F 很容易被黏土和磷钙土吸附,这可能是 F 在土壤中富集的一个原因。

2. 不同岩性区土壤元素含量

安吉县主要岩石类型有沉积岩、火山岩和花岗岩三大类,其中以沉积岩类分布最广,种类最多,主要有震旦系碳酸盐岩、寒武系碳酸盐岩、奥陶系硅质泥岩、志留系砂岩/粉砂岩、白垩系砂砾岩等;其次为火山岩,主要为白垩系流纹质/英安质熔结凝灰岩;侵入岩以中酸性花岗岩类为主,分布面积最小。不同岩性区土壤元素含量存在较大差别。本书统计了安吉县不同岩性出露区表层土壤元素含量特征(表 6-2-2,图 6-2-3)。

由表 6-2-2 和图 6-2-3 可知,安吉县碳酸盐岩出露区表层土壤中,重金属 As、Cd、Cr、Pb、Ni 和 MgO、CaO 含量较高;奥陶系硅质泥岩出露区表层土壤中,重金属 As、Cr 含量也相对较高;志留系砂岩/粉砂岩、白垩系砂砾岩、奥陶系硅质泥岩出露区表层土壤中,SiO_2 含量较高。

震旦系碳酸盐岩、寒武系碳酸盐岩、奥陶系硅质泥岩区土壤中 As 平均值分别为全区平均值的 3.1 倍、4.06 倍、5.99 倍;震旦系碳酸盐岩、寒武系碳酸盐岩区土壤中 Cd 平均值分别为全区平均值的 5.89 倍、3.14 倍,Ni 平均值分别为全区平均值的 2.5 倍、1.87 倍,Pb 平均值分别为全区平均值的 1.35 倍、1.28 倍,MgO 平均值分别为全区平均值的 3.31 倍、1.70 倍,CaO 平均值分别为全区平均值的 2.35 倍、1.67 倍。

表 6-2-2 安吉县不同岩性出露区土壤元素含量一览表[68]

指标	单位	震旦系碳酸盐岩	寒武系碳酸盐岩	奥陶系硅质泥岩	志留系砂岩/粉砂岩	白垩系砂砾岩	白垩纪火山岩	白垩纪花岗岩	全区
As	mg/kg	34.94	45.75	67.60	9.68	9.91	7.51	7.09	11.28
B	mg/kg	57.66	69.94	62.00	55.97	65.59	34.78	20.68	47.64
Ba	mg/kg	2 508.20	2 166.36	498.50	455.10	375.47	483.83	662.44	670.06
Be	mg/kg	2.89	2.62	2.06	1.81	1.64	2.54	3.62	2.33
Cd	mg/kg	1 462.00	780.56	105.00	117.88	109.55	234.34	223.21	248.38
Cr	mg/kg	95.22	68.56	70.60	60.33	58.32	33.94	29.59	48.63
Cu	mg/kg	51.18	45.02	26.80	20.42	17.00	13.99	15.41	21.46
Hg	mg/kg	102.00	160.00	90.00	98.13	69.53	139.88	86.97	117.06
Mn	mg/kg	1 966.20	657.78	332.00	509.35	356.55	800.43	640.38	628.69
Mo	mg/kg	3.56	7.01	1.16	0.69	0.67	1.63	1.36	1.57
N	mg/kg	2 625.40	2 385.81	1 599.50	1 509.37	1 297.67	2 612.92	1 768.54	1 980.52
Ni	mg/kg	51.46	38.52	24.15	22.34	19.39	14.13	13.23	20.57
P	mg/kg	906.60	582.47	314.00	436.19	391.27	487.44	556.92	528.05
Pb	mg/kg	46.14	43.71	24.80	25.10	26.13	36.89	40.84	34.24
S	mg/kg	385.00	353.14	256.50	260.16	260.00	354.19	319.20	318.68
Se	mg/kg	1.20	1.02	0.89	0.44	0.38	0.72	0.55	0.59
V	mg/kg	232.96	154.47	91.75	78.90	79.73	59.54	63.18	82.36
Zn	mg/kg	220.68	121.70	67.75	65.21	48.69	80.08	87.99	80.19
SiO_2	%	68.10	69.99	73.65	73.66	78.32	68.96	64.00	71.19
Al_2O_3	%	11.82	12.48	12.61	11.87	10.44	13.97	16.29	12.92
TFe_2O_3	%	5.86	5.30	5.32	4.65	3.81	4.15	4.52	4.36
MgO	%	2.78	1.42	0.81	0.78	0.54	0.64	0.80	0.84
CaO	%	0.94	0.67	0.16	0.20	0.24	0.31	0.47	0.40
Na_2O	%	0.37	0.48	0.20	0.31	0.52	0.60	0.99	0.61
K_2O	%	2.26	2.60	2.30	1.99	1.55	2.98	3.42	2.52

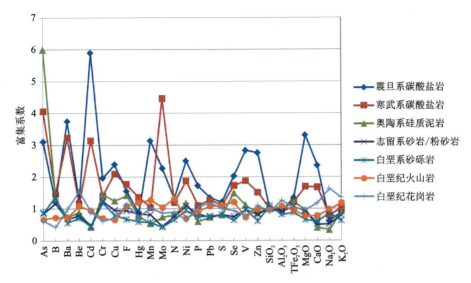

图 6-2-3 安吉县不同单元中部分元素(氧化物)富集系数对比图
注:纵坐标表示不同单元部分元素(氧化物)平均值与全区平均值的比值。

三、影响白茶品质的地质要素分析

影响茶叶品质的生物化学指标主要有氨基酸、儿茶素、茶多酚、咖啡碱等。氨基酸是茶汤鲜味的主要呈味物质。其中,精氨酸、苯丙氨酸、缬氨酸、亮氨酸和异亮氨酸等都可转变为香气物质或作为香气的前体。茶叶中还有一类由根部生成的非蛋白质氨基酸——茶氨酸,它呈甜鲜味,能缓解茶的苦涩味,对绿茶品质具有重要影响,也是红茶品质评价的重要因子。

儿茶素是茶叶中最具有药效作用的活性组分,研究已表明它具有防止血管硬化、降血脂、消炎抑菌、防辐射、防癌等功能。其中,酯型儿茶素具有较强的苦涩味和收敛性,是赋予茶叶色、香、味的重要物质基础。

茶多酚是一种存在于茶树中的多元酚化合物的混合物,占干物质的15%～40%,主要组分为儿茶素(黄烷醇类)、黄酮、黄酮醇类、花青素类、酚酸等。其中,最重要的是以儿茶素为主体的黄烷醇类,占茶多酚的一半以上,占茶树新梢干物质的20%左右,是茶树次生物质代谢的中心。它对茶叶色、香、味品质的形成起着重要的作用,也是茶叶保健功能的首要成分。

咖啡碱是茶叶中嘌呤碱类中的一种。茶叶中咖啡碱的含量一般为2%～5%,细嫩芽叶高于老叶,夏秋茶略高于春茶,也是重要的滋味物质。咖啡碱在红茶加工过程中与茶黄素络合的复合物具有鲜爽味。咖啡碱是一种中枢神经兴奋剂,具有提神的作用。由于它常与茶多酚呈络合状态存在,不仅形成了茶的固有风味,而且它与游离状态的咖啡碱在对人体生理机能上的作用也有所不同,故在正常的茶叶饮量下,不会对人体造成不良反应。

1. 不同成土母岩元素含量与白茶品质

研究表明[69],浙江省名茶产地成土母岩不同,茶叶中元素含量及其生物化学成分也有明显差异。浙江省几种主要成土母岩与茶有关的地球化学数据见表6-2-3,成土母岩主要氧化物含量与茶叶生物化学指标相关系数见表6-2-4。从一般规律来看,高 Si、K,低 Fe、Al、Ca、Mg、Mn 等有利于茶品质的提高;反之,则不利于茶品质的提高。

表6-2-3 浙江省几种成土母岩与茶有关的地球化学数据[69]   单位:%

岩石	地层 (时代、地区)	样品数/件	SiO_2	Fe_2O_3	Al_2O_3	MgO	CaO	K_2O	MnO_2	主要土壤质地
石英砂岩	泥盆系	57	84.62	1.50	7.05	0.27	0.15	1.28	0.014 1	砾质砂壤土
凝灰岩花岗岩	浙西北	108	68.53	4.03	13.76	1.30	1.84	3.80	0.056 0	砂壤土—黏壤土
	浙东南	198	71.47	2.43	14.07	0.59	1.37	4.23	0.047 0	砂壤土—黏壤土
	燕山早期	151	72.9	1.93	13.07	0.34	1.06	4.68	0.041 5	砂壤土
	燕山晚期	48	70.41	2.68	13.40	1.04	1.90	4.11	0.053 7	砂壤土
	喜马拉雅期	7	(46.96)	(11.16)	9.02	(8.06)	(8.23)	2.05	(0.106 7)	砂壤土
变质岩系	龙泉俯冲增生杂岩	18	74.41	4.86	11.22	1.72	2.12	2.58	(0.108 9)	壤土—黏壤土
第四纪红土	中更新统	1	71.70	(5.89)	(17.78)	0.87	0.38	1.47	(0.140 0)	壤黏土—黏土
灰岩	石炭系—二叠系	208	(8.23)	0.54	2.76	0.90	(49.19)	0.10	(0.007 0)	黏土
玄武岩	上新统—早更新统	19	(49.85)	(11.18)	(13.24)	(5.62)	8.26	1.40	(0.104 4)	黏土
全省平均丰度			66.51	3.46	12.91	1.31	3.96	3.58	0.054 2	

注:数字下有横线的表示有利于茶品质的提高,包括高 Si、K,低 Fe、Al、Ca、Mg、Mn 等;数字加括号的表示不利于茶品质的提高,包括低 Si、K,高 Fe、Al、Ca、Mg、Mn 等。

成土母岩主要氧化物含量与茶叶生物化学指标相关系数分析(表6-2-4)结果显示,Al_2O_3、Fe_2O_3 与茶叶 5 项生物化学指标呈现不同程度的负相关性,SiO_2、K_2O、C_{org} 与茶叶 5 项生物化学指标呈现不同程度的正相关性。其中,K_2O、C_{org} 与茶叶中的茶多酚、儿茶素的正相关系数达到显著水平。虽然这些元素在茶叶品质上的作用还不明确,但在长期的观察总结中,可以肯定高 Si、K,低 F、Al、Ca、Mg、Mn 等都有利于茶品质的提高,这一规律在浙江省的

表 6-2-4 成土母岩主要氧化物含量与茶叶生物化学指标相关系数[69]

项目	SiO$_2$	Al$_2$O$_3$	Fe$_2$O$_3$	MgO	CaO	Na$_2$O	K$_2$O	Corg	水浸出物	茶多酚	氨基酸	咖啡碱	儿茶素
SiO$_2$	1.000 0	-0.840 7	-0.889 9	-0.528 3	-0.130 0	0.020 9	0.151 7	0.197 0	0.101 7	0.107 0	0.068 6	0.124 3	0.134 5
Al$_2$O$_3$	-0.840 7	1.000 0	0.607 4	0.409 3	0.146 7	0.158 8	0.088 9	-0.203 0	-0.100 7	-0.066 8	-0.261 5	-0.166 5	-0.128 5
Fe$_2$O$_3$	-0.889 9	0.607 4	1.000 0	0.448 7	0.029 8	-0.297 1	-0.546 0	-0.398 2	-0.163 0	-0.278 8	-0.071 0	-0.246 2	-0.233 1
MgO	-0.528 3	0.409 3	0.448 7	1.000 0	0.257 2	0.001 2	-0.058 5	0.071 9	-0.067 7	-0.007 5	-0.047 3	0.066 0	0.050 3
CaO	-0.130 0	0.146 7	0.029 8	0.257 2	1.000 0	0.698 4	0.233 6	0.353 4	-0.034 3	0.161 1	0	0.054 6	0.202 9
Na$_2$O	0.020 9	0.158 8	-0.297 1	0.001 2	0.698 4	1.000 0	0.631 8	0.533 3	0.051 2	0.320 1	-0.023 0	0.152 1	0.305 0
K$_2$O	0.151 7	0.088 9	-0.546 0	-0.058 5	0.233 6	0.631 8	1.000 0	0.471 9	0.145 6	0.421 9	0.090 3	0.378 4	0.196 4
Corg	0.197 0	-0.203 0	-0.398 2	0.071 9	0.353 4	0.533 3	0.471 9	1.000 0	0.342 2	0.463 6	0.048 7	0.285 5	0.462 9
水浸出物	0.101 7	-0.100 7	-0.163 0	-0.067 7	-0.034 3	0.051 2	0.145 6	0.342 2	1.000 0	0.659 0	0.208 9	0.471 0	0.585 1
茶多酚	0.107 0	-0.066 8	-0.278 8	-0.007 5	0.161 1	0.320 1	0.421 9	0.463 6	0.659 0	1.000 0	0.105 6	0.714 8	0.805 7
氨基酸	0.068 6	-0.261 5	-0.071 0	-0.047 3	0	-0.023 0	0.090 3	0.048 7	0.208 9	0.105 6	1.000 0	0.263 8	0.046 2
咖啡碱	0.124 3	-0.166 5	-0.246 2	0.066 0	0.054 6	0.152 1	0.378 4	0.285 5	0.471 0	0.714 8	0.263 8	1.000 0	0.553 4
儿茶素	0.134 5	-0.128 5	-0.233 1	0.050 3	0.202 9	0.305 0	0.196 4	0.462 9	0.585 1	0.805 7	0.046 2	0.553 4	1.000 0

许多名茶产地都得到验证。土壤由岩石风化而来,继承了岩石中的元素含量及分布特征,因此土壤元素与白茶品质的关系也适用这一规律。此外,虽然地质背景中的其他元素含量与茶叶品质不呈明显的相关关系,但茶叶吸收矿物元素的多少,是直接影响茶叶品质的关键,其中的奥秘尚需进一步研究。

2. 不同种植区白茶品质差异

本书根据溪龙乡、青龙乡、铜山村、鄣吴镇茶叶及对应根系土样品测试数据,以及前人在天荒坪镇、杭垓镇、上墅乡、章村镇采集的茶叶样品分析数据,对安吉县不同白茶种植区土壤地球化学特征进行了统计(表6-2-5)。这些茶叶分布在不同的成土母岩区,土壤地球化学背景存在差异,从而对白茶品质产生较大影响。

表6-2-5 安吉县不同白茶种植区土壤指标含量一览表[70]

指标	单位	溪龙乡 (S_2t)	青龙乡 (S_2t)	铜山村 (K_1h)	鄣吴镇 ($\eta\gamma K_1$)	杭垓镇* (O_1y)	天荒坪镇* (K_1h)	上墅乡* ($\in_{1-2}h-\in_2d$)	章村镇* (Z_2d)
SiO₂	%	78.45	79.03	67.145	69.555	66.71	69.18	79.91	56.275
Al₂O₃	%	10.41	8.29	14.68	14.075	13.21	14.58	9.33	11.095
Fe₂O₃	%	3.66	3.22	5.465	2.605	5.74	3.72	2.98	6.225
MgO	%	0.47	0.45	1.06	0.535	3.27	0.71	0.91	8.235
CaO	%	0.2	0.12	0.275	0.31	1.31	0.31	0.64	4.83
K₂O	%	1.43	1.04	2.45	4.045	2.58	3.63	1.69	2.475
Mn	mg/kg	283	192.80	1045.5	418	401	520	139	982
P	mg/kg	642	614.00	491.5	627	666	809	717	1042
Pb	mg/kg	25.7	20.22	39.7	34.05	32.5	36.3	45	52.4
Hg	mg/kg	0.09	0.07	0.0955	0.0305	0.11	0.12	0.19	0.08
As	mg/kg	6.49	6.86	8.71	3.38	35.5	5.81	10.5	23.25
Se	mg/kg	0.55	0.62	1.140 5	0.237 5	0.68	0.65	1.33	0.805
S	mg/kg	282	247.20	285.5	156.25	200	350	617	325
B	mg/kg	65	56.28	56.55	23.2	66.8	33.5	84.5	32.95
Mo	mg/kg	0.77	0.72	1.335	0.565	1.5	1.29	5.78	1.085
Cu	mg/kg	19	14.62	20.5	11.705	47	14	49	53.5
Ni	mg/kg	16.5	11.73	18.38	8.575	40	15.5	47	40
Cd	mg/kg	0.11	0.05	0.22	0.087	0.74	0.3	2.6	0.945
Cr	mg/kg	62.1	47.12	44.75	26.5	94.5	34.8	82.4	121.5
Zn	mg/kg	48.4	33.52	93.1	43.75	162	81	204	141
F	mg/kg	367	278.20	815	499.5	819	379	489	1062

续表 6-2-5

指标	单位	溪龙乡 (S_2t)	青龙乡 (S_2t)	铜山村 (K_1h)	鄣吴镇 ($\eta\gamma K_1$)	杭垓镇 (O_1y)	天荒坪镇 (K_1h)	上墅乡* ($\in_{1-2}h-\in_2d$)	章村镇* (Z_2d)
N	mg/kg	1828	1 663.6	2327	862	1965	3098	1491	1854
Corg	mg/kg	2.36	1.70	2.525	1.035	1.97	2.93	1.5	1.97
pH		5.01	4.37	4.71	5.065	6.09	5.08	6.24	6.335

注：带*数据引自《浙江"安吉白茶"产地地质地球化学特征》。

由表6-2-5及图6-2-4、图6-2-5可知，溪龙乡、青龙乡、上墅乡种植区土壤中SiO_2含量较高，有利于茶树生长；鄣吴镇种植区土壤中K_2O含量最高，有利于茶树生长；溪龙乡、铜山村、天荒坪镇种植区土壤有机碳（Corg）含量较高，有利于茶树生长；铜山村、杭垓镇、章村镇种植区土壤中Fe_2O_3、MgO含量较高，不利于茶树生长；杭垓镇、章村镇种植区土壤中CaO较高，不利于茶树生长；梅溪镇、杭垓镇、上墅乡、章村镇土壤中Pb含量较高，杭垓镇、章村镇种植区土壤中As含量较高，对茶树生长不利；杭垓镇、上墅乡、章村镇种植区土壤中Ni、Cd、Cr等重金属含量相对较高，同时pH大于6，对茶树生长会产生不利影响。

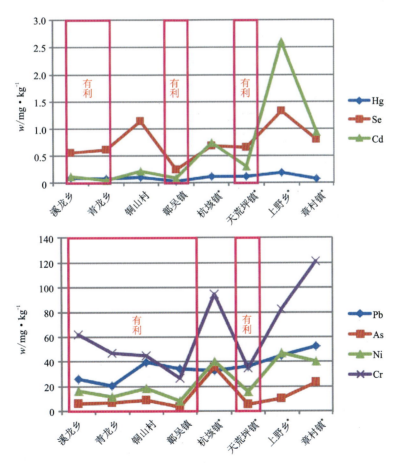

图 6-2-4 不同白茶种植区土壤重金属元素对比图

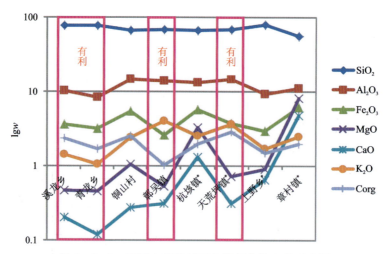

图 6-2-5　不同白茶种植区土壤氧化物含量对比图

综上可知,溪龙乡、青龙乡、鄣吴镇、天荒坪镇种植区较适宜白茶生长(图 6-2-6)。

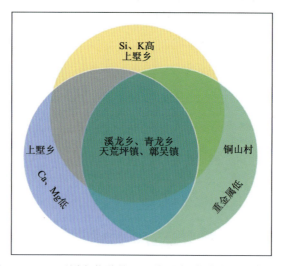

图 6-2-6　不同白茶种植区土壤元素/氧化物含量对比图

为验证上述结论,并对比不同白茶种植区白茶品质,对不同种植区茶叶生物化学指标进行了统计,统计结果如表 6-2-6 所示。

上墅乡、章村镇种植区白茶茶多酚相对较高,天荒坪镇、章村镇种植区白茶咖啡碱相对较高,天荒坪镇、溪龙乡、鄣吴镇、铜山村种植区白茶氨基酸相对较高,除杭垓镇、上墅乡两个种植区白茶儿茶素较低外,其他几个种植区白茶的儿茶素相差不大。从氨酚比来看,天荒坪镇、溪龙乡、青龙乡、鄣吴镇、铜山村几个种植区白茶的氨酚比较高,白茶品质更好。

为进一步探讨白茶品质与地质背景的关系,本书对安吉县不同成土母岩区茶叶生物化学指标进行了对比(表 6-2-7)。从表中可以清楚地发现,种植在志留系石英砂岩、粉砂岩,白垩纪花岗岩、酸性火山岩等成土母岩上的茶叶,其水浸出物、咖啡碱、儿茶素、氨基酸明显高于其他成土母岩上种植出的茶叶,其氨酚比也更高,茶叶品质更好,与上述结论一致。

表 6-2-6　不同白茶种植区茶叶生物化学指标一览表

茶园位置	茶多酚/%	咖啡碱/%	氨基酸/%	儿茶素/%	氨酚比
天荒坪镇	17.65	3.925	6.25	12.805	0.35
溪龙乡	16.85	3.45	6.35	14.26	0.38
青龙乡	16.98	3.24	5.96	13.822	0.35
鄣吴镇	16.45	3.5	6.35	14.87	0.39
杭垓镇	16.00	2.58	2.90	7.55	0.18
上墅乡	20.65	3.42	2.55	9.52	0.12
章村镇	25.30	3.89	2.50	13.275	0.10
铜山村	18.75	3.25	6.95	12.94	0.37

表 6-2-7　不同成土母岩茶叶生物化学指标对比表

母岩	水浸出物/%	茶多酚/%	氨基酸/%	咖啡碱/%	儿茶素/%	氨酚比
志留系石英砂岩、粉砂岩等	47.37	16.92	6.13	3.33	14.02	0.36
酸性火山岩	47.75	18.75	6.95	3.25	12.94	0.37
花岗岩	48.6	15.45	6.35	3.5	14.87	0.41
灰岩、钙质粉砂岩、页岩	—	16*	2.9*	2.58*	7.55*	0.18
浙江名茶	42.75	28.62	3.76	2.15	12.36	0.13

注：带 * 数据引自《浙江"安吉白茶"产地地质地球化学特征》[70]。

根据上述地质地球化学特征分析，安吉县志留系唐家坞组、康山组以及白垩系花岗岩、黄尖组风化形成的土壤中 Si、K 含量较高，Fe、Al、Ca、Mg、Mn 以及重金属等含量较低，适宜茶叶的生长，产于其上的白茶品质较好，而寒武系、奥陶系、震旦系碳酸盐岩区和寒武系灰岩、钙质粉砂岩、页岩等母岩区，岩石中 Ca、Mg、Mn 等元素及重金属含量较高，不利于茶叶的生长，所产白茶品质较差。因此，从地质背景来看，要想种植出高品质的安吉白茶，应尽量选择石英砂岩、粉砂岩、酸性火山岩、花岗岩等母岩分布区。

四、白茶种植对地质环境的影响

山地开辟成茶园后，地面上原有植被被破坏，损坏了土体结构，使土体的可蚀性指数上升，加剧水土流失。水土流失的危害极大，概括起来有以下几个方面。

1. 危害茶园的生态环境

（1）茶园土壤养分流失，耕作层变薄。地表成土速度小于流失速度，土壤有效土层变薄，肥沃表土流失。水土流失使山体土壤肥力变贫瘠。

(2) 土壤结构、可耕性变差,表土板结,通气性差。

(3) 茶园小气候恶化,茶园经阳光照射,土温迅速升高,水分蒸发快,使茶园环境燥热。尤其是夏季土温高,生态环境恶化,影响了茶树根系活动和生长,根部的吸水吸肥功能更差,易受夏旱和秋旱的危害。

2. 危害茶叶生产

水土流失使茶园土层变薄,养分流失,肥力下降,保土蓄水能力降低,土层理化性状变差,茶根裸露,生长不旺,芽头瘦小,叶片薄,对夹叶多,鲜叶枝嫩性低,夏秋易老,毛茶品质差,严重影响茶叶产量、品质和经济效益。

3. 加剧自然灾害的发生

水土流失,造成水利工程淤毁,河床抬高,加重了洪灾的发生。同时,还会产生土体滑坡,冲毁农田民宅,破坏生态景观,使危害不可估量。

造成茶园水土流失的原因有内因和外因两个方面。内因是自然因素,包括坡度、降水、土壤特性等,受生态环境自身控制,无法避免。外因是人为因素,极大地加剧了水土流失程度,主要表现在以下4个方面。

(1) 开辟茶园缺乏科学规划,水土保护措施不配套。茶园大多建在山坡上,山坡土壤易被侵蚀。垦建种茶时,不论坡度大小,大多未修建梯田,甚至茶树顺坡种植,斜坡长、坡度大,水土流失严重。有些虽建成梯田茶园,但修梯技术不当,如梯田坡度过大、梯面外低内高、无其他护坡措施,已造成土壤失稳。一些茶园未修建截排水沟,增加了地面径流和水土流失。

(2) 长期使用化肥,忽略有机肥。茶园长期使用化肥,不施或少施有机肥,造成土壤理化性质变差,土壤板结、酸化,蓄水保水能力降低,加剧了茶园土壤的侵蚀程度。

(3) 茶园耕作不合理。主要是茶农科技水平不高,沿用传统耕作陋习。除草时,为了提高效率,连草带根一并拔除。同时除草剂的选择使用不当,破坏了土壤结构,使土壤松散,抗侵蚀、抗冲刷能力减弱,造成水土流失。

(4) 茶园管理其他措施不配套。大部分覆盖度低,尤其是幼龄茶园,行间没有铺草或套种其他作物,裸露面积大,土壤经烈日暴晒,结构变差,易产生土壤侵蚀。

五、白茶适宜性区划

根据上述研究分析,安吉县可初步圈出8处白茶种植适宜区(图6-2-7),其中A级最适宜区2处,B级较适宜区6处,两类适宜区各有利弊。

(1) A级适宜区生态利弊分析:丘陵区地势相对低缓,交通便捷,便于有机肥的运输和规模化开发,同时有利于茶园管理、茶叶的采摘和加工;茶园土层厚,土壤肥沃,春季气温回暖快,新芽出芽早,茶叶生长迅速,生物量大,上市及时,经济效益高。同时,地势低缓,气温较高,新芽生长快,在一定程度上减少了某些生物化学成分和矿物质的淀积。

（2）B级适宜区生态利弊分析：山高林密,多漫射光,多云雾,空气质量好,气温较低,有利于新芽生物化学成分和矿物质的淀积,茶叶中氨基酸含量高,适宜种植高档茶。但由于山区温度低,出芽晚,新叶生长缓慢,上市时间迟,难以获得应有的经济效益。同时,地势陡峻,土层较薄,交通不便,难以对茶园进行精细化管理。此外,该区多为风景名胜区和生态自然保护区,不宜毁林和规模开发,因此种植面积受到较大的限制。

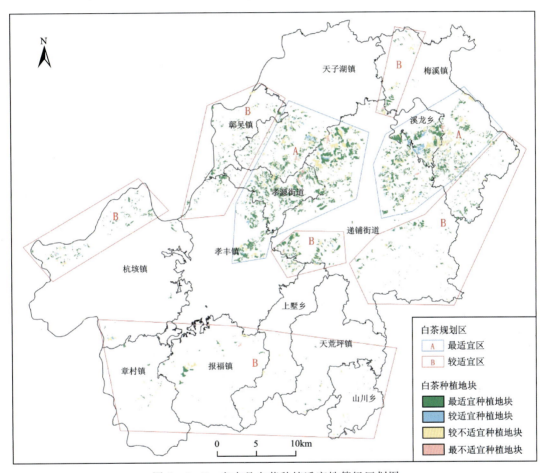

图6-2-7　安吉县白茶种植适宜性等级区划图

第七章 结论与建议

一、主要成果

(一)基础性成果

(1)基于空间圈层概念,从岩石地球化学特征、元素迁移规律等多个角度,查明了岩石圈、土壤圈、生物圈等多圈层之间的相互影响与制约关系,以及生态地质条件变化规律。

(2)基于多时段高精度遥感数据,综合解译总初级生产力、叶面积指数、光合有效辐射、归一化植被指数等生态指数信息,查明了安吉县生态地质条件及生态因子时空变化规律和演变趋势。

(3)基于地质遗迹、水、富硒土地等生态地质资源分布特征,查明了各类资源的成因机制、内在联系与耦合关系,提出了生态地质资源高效利用途径。

(4)基于土壤地球化学、白茶品质影响因子、白茶立地地质背景等研究,建立了安吉白茶适生地质模型,划分出8处白茶种植适宜区,其中A级最适宜区2处,B级较适宜区6处,提出了安吉白茶生态适宜性区划建议及高质量发展路径。

(5)基于安吉县生态地质背景、生态地质资源、生态状况及其动态变化规律等综合调查与研究,总结了县域生态地质调查技术方法,为浙江省全域开展生态地质调查提供了范例。

(6)新发现1处重要地质遗迹,即寒武纪同生变形构造——帐篷构造+滑塌构造,填补了浙江省寒武纪同生变形构造发现与研究的空白,对研究浙西寒武纪早期—中期沉积古地理环境具有重要科学价值。

(二)创新性成果

(1)首次基于多圈层相互制约关系,从空间和时间两个维度,查明了生态因子与生态指数动态变化规律,以及地质多样性与生态系统稳定性之间的耦合关系。

(2)首次基于县域尺度,提出了"地下浅部探测-地面多介质调查-低空无人机调查-高空卫星监测"多空间多手段多介质相融合的调查研究方法。

（3）基于区域地质背景，科学构建了生态地质区、生态地质亚区、生态地质单元三级框架体系，划分出5个生态地质区，20个生态地质亚区与178个生态地质单元，探索了重要生态功能区高质量发展途径。

（4）探索研究地质碳汇潜力，估算了安吉县耕地表层土壤以及碳酸盐岩和硅酸盐岩流域岩石风化碳汇潜力，助推浙江省"双碳"目标实施进程。

二、建议

（1）生态地质调查是一项全新的调查类工作，目前还没有成熟的技术方法可遵循。本书对生态地质调查内容、调查技术方法与手段、成果表达与转化应用等方面都进行了大胆尝试，获得了一定的经验，但由于内容涉及面广，难以面面俱到，建议下一步针对具体内容开展专题研究。

（2）本书在开展岩石圈-土壤圈-水圈-生物圈-大气圈多圈层之间相互影响与制约关系研究时，对多圈层间元素迁移进行了初步分析，揭示了主要元素的迁移规律，但由于数据量有限，多圈层间的相互作用机理还有待进行更深层次的研究。

参考文献

[1] 汪振立. 浅谈生态地质学[J]. 世界生态学, 2020, 9(4): 363-377.

[2] TROFIMOV V T. Ecological geology: a novel branch of geological sciences[J]. Earth Science Frontiers, 2001, 8(1): 27-35.

[3] TROFIMOV V T. Approaches, principles and criteria of evaluation of ecological, geological conditions[J]. Earth Science Frontiers, 2004, 11(2): 533-542.

[4] 陈树旺, 邢德和, 丁秋红, 等. 生态地质调查评价: 以辽宁铁岭地区为例[J]. 地质与资源, 2012, 21(6): 540-545.

[5] TROFIMOV V T, ZILIING D G. Ecological geology in the program of "Universities of Russia" (in Russian)[J]. Geoecologiya, 1994(3): 117-120.

[6] TROFIMOV V T, ZILIING D G. Ecological geology and its logical structure[J]. Vestnik of Moscow University Geology, 1995(4): 24-36.

[7] TROFIMOV V T. Theory and methodolody of Ecological Geology[M]. Moscow: Moscow State University, 1997: 368.

[8] TROFIMOV V T. Ecological Geological Maps. Theoretical Basics and Methods of Compilation[M]. Moscow: Moscow State University, 2007: 407.

[9] TROFIMOV V T, ANDREEVA T V. Ecological geological systems and their types, position in the ecosystem structure and tasks of the investigation[J]. Earth Science Frontiers, 2010, 17(2): 425-438.

[10] TROFIMOV V T. Ecological geological system, its types and position in ecosystem structure[J]. Vestnik of Moscow University Geology, 2009(2): 48-52.

[11] 张森琦, 王永贵, 朱桦, 等. 关于生态环境地质学几个理论问题的探讨[J]. 青海环境, 2007, 17(2): 65-70.

[12] 聂洪峰, 肖春蕾, 郭兆成, 等. 生态地质调查工程2019年度进展报告[R]. 北京: 中国自然资源航空物探遥感中心, 2019.

[13] 聂洪峰, 肖春蕾, 郭兆成. 探寻生态系统运行与演化的秘密: 生态地质调查思路及方法解读[J]. 国土资源科普与文化, 2019(4): 4-13.

[14] 汪振立. 生态地质[M]. 2版. 北京: 地质出版社, 2016.

[15] RICHARDSON J B. Critical Zone[M]. Netherlands: Encyclopedia of Geochemistry, 2017.

[16] 石建省,马荣,马震.区域地球多圈层交互带调查探索研究[J].地球学报,2019,40(6):767-780.

[17] GOLDHABER M B,MILLS C T,MORRISON J M,et al.Hydrogeochemistry of prairie pothole region wetlands:role of long-term critical zone processes[J].Chemical Geology,2014,387:170-183.

[18] 卫晓锋,孙厚云,何新泽,等.浅山区生态环境地质调查评价探索:以承德市生态文明建设示范区为例[C]//中国矿物岩石地球化学学会.中国矿物岩石地球化学学会第17届学术年会论文摘要集.杭州:中国矿物岩石地球化学学会,2019:633-634.

[19] 王长生,王大可.试论1∶5万生态地质调查[J].中国区域地质,1997,16(1):56-59.

[20] 王长生,王大可.生态地质学的创立及其在大巴山区的初步应用[J].大自然探索,1998,17(66):68-70.

[21] 殷志强,卫晓锋,刘文波,等.承德自然资源综合地质调查工程进展与主要成果[J].中国地质调查,2020,7(3):1-12.

[22] 王京彬,卫晓锋,张会琼,等.基于地质建造的生态地质调查方法:以河北省承德市国家生态文明示范区综合地质调查为例[J].中国地质,2020,47(6):1611-1624.

[23] 张景华,欧阳渊,刘洪,等.西昌市生态地质特征与脆弱性评价[M].武汉:中国地质大学出版社,2020.

[24] 李小雁,马育军.地球关键带科学与水文土壤学研究进展[J].北京师范大学学报(自然科学版),2016,52(6):731-737.

[25] 杨建锋,张翠光.地球关键带:地质环境研究的新框架[J].水文地质工程地质,2014,41(3):98-104,110.

[26] 刘洪,黄瀚霄,欧阳渊,等.基于地质建造的土壤地质调查及应用前景分析:以大凉山区西昌市为例[J].沉积与特提斯地质,2020,40(1):91-105.

[27] 王云,魏复盛.土壤环境元素化学[M].北京:中国环境科学出版社,1995.

[28] 刘银飞,孙彬彬,贺灵,等.福建龙海土壤垂向剖面元素分布特征[J].物探与化探,2016,40(4):713-721.

[29] 冯颖竹,陈惠阳,余土元.中国酸雨及其对农业生产影响的研究进展[J].中国农学通报,2012,28(11):306-311.

[30] 吕忠才,高晖,黄继国.我国酸雨污染及其控制规划构想[J].中国环境管理,2001(4):7-10.

[31] 魏复盛,王文兴.大气降水酸度背景值的初步研究[J].中国环境科学,1990,10(6):428-433.

[32] 宾克利 D.酸性沉降与森林土壤:美国东南部的沉降环境及研究实例[M].张月娥,曹俊忠,译.北京:中国环境科学出版社,1993.

[33] 瑞典农业部环境委员会.环境酸化的现状与展望[M].姜邦晔,等,译.北京:科学出版社,1993.

[34] 张燕,刘立进.我国酸雨分布特征及控制对策[J].陕西环境,1998,5(4):39-40.

[35] 万玉山,王皖蒙.中国酸雨污染现状·成因分析及防治措施[J].安徽农业科学,2010,38(34):19420-19421,19425.

[36] 汪家权,吴劲兵,李如忠,等.酸雨研究进展与问题探讨[J].水科学进展,2004,15(4):526-530.

[37] 王子璐,王祖伟.我国东部地区酸雨发展趋势研究[C]//中国环境科学协会.中国环境科学学会学术年会论文集.深圳:中国环境科学协会,2015:5391-5398.

[38] 牛彧文,浦静姣,邓芳萍,等.1992—2012年浙江省酸雨变化特征及成因分析[J].中国环境监测,2017,33(6):55-62.

[39] 朱培新.浙江省安吉县大气酸沉降时空分布规律和区域特征[C]//中国环境科学学会大气环境分会.全国大气环境学术会议论文集.北京:中国环境科学学会大气环境分会,1998:354-359.

[40] 王文兴.中国酸雨成因研究[J].中国环境科学,1994,14(5):323-329.

[41] 王文兴,丁国安.中国降水酸度和离子浓度的时空分布[J].环境科学研究,1997,10(2):1-7.

[42] 王文兴,刘红杰,张婉华,等.我国东部沿海地区酸雨来源研究[J].中国环境科学,1997,17(5)387-392.

[43] 王文兴,许鹏举.中国大气降水化学研究进展[J].化学进展,2009,21(2/3):266-281.

[44] 蒲维维,张小玲,徐敬,等.北京地区酸雨特征及影响因素[J].应用气象学报,2010,21(4):464-472.

[45] 陈伯通,罗建中,冯爱坤.广州地区酸雨状况及其影响因素探讨[J].环境污染与防治,2006,28(2):112-115.

[46] 沙晨燕,何文珊,童春富,等.上海近期酸雨变化特征及其化学组分分析[J].环境科学研究,2007,20(5):31-34.

[47] 林长城,林样明,邹燕,等.福州气象条件与酸雨的关系研究[J].热带气象学报,2005,21(3):330-336.

[48] 王玮,王文兴,全浩.我国酸性降水来源探讨[J].中国环境科学,1995,15(2):89-94.

[49] 徐康富.论我国酸雨的区域性本质[J].大气环境,1991,6(4):22-27.

[50] 汪业勖,赵士洞,牛栋.陆地土壤碳循环的研究动态[J].生态学杂志,1999,18(5):29-35.

[51] 师晨迪,许明祥,邱宇洁.几种不同方法估算土壤固碳潜力:以甘肃庄浪县为例[J].环境科学,2016,37(3):1098-1105.

[52] 赵永存,徐胜祥,王美艳,等.中国农田土壤固碳潜力与速率:认识、挑战与研究建议[J].中国科学院院刊,2018,33(2):191-197.

[53] 覃小群,蒋忠诚,张连凯,等.珠江流域碳酸盐岩与硅酸盐岩风化对大气CO_2汇的

效应[J].地质通报,2015,34(9):1749-1757.

[54] 李朝君.全球碳酸盐岩与硅酸盐岩风化碳汇估算[D].贵州:贵州师范大学,2020.

[55] 彭弋倪,陈旸,李石磊.辽河流域岩石风化速率及碳汇计算[J].地球科学与环境学报,2017,39(3):439-449.

[56] LI S Y,LU X X,BUSH R T. Chemical Weathering and CO_2 Consumption in the Lower Mekong River[J]. Science of the Total Environment,2014,47(2):162-177.

[57] 陈静清,闫慧敏,王绍强,等.中国陆地生态系统总初级生产力VPM遥感模型估算术[J].第四纪研究,2014,34(4):732-740.

[58] 张丽景.基于MODIS影像和通量塔数据模拟浙江安吉毛竹林总初级生产力[D].杭州:浙江农林大学,2013.

[59] 张建财.基于遥感数据同化的LPJ模型对植被总初级生产力的模拟和分析[D].青岛:山东科技大学,2015.

[60] 张元培,吴颖,罗军强,等.基于遥感生态指数的钟祥市生态变化分析[J].资源环境与工程,2019,33(4):474-480.

[61] 王利民,刘佳,杨玲波.MODIS数据辅助的GF-1影像晴空光合有效辐射反演[J].农业工程学报,2017,33(4):217-224.

[62] 谢小萍.基于MODIS数据估算区域光合有效辐射和光能利用率的方法研究[D].南京:南京信息工程大学,2009.

[63] 万曙静.基于多源数据的土壤湿度提取方法研究[D].济南:山东农业大学,2015.

[64] 贾付生.基于高分辨率遥感数据的阿克苏河流域土壤湿度反演与动态监测[D].武汉:华中师范大学,2018.

[65] 齐述华,王长耀,牛铮.利用温度植被旱情指数(TVDI)进行全国旱情监测研究[J].遥感学报,2003,7(5):420-427.

[66] 张景华,欧阳渊,陈远智,等.基于无人机遥感的四川省昭觉县农业产业园土地适宜性评价[J].中国地质:2021,46(6):1710-1719.

[67] 浙江省地质调查院.浙江省安吉县农业地质环境调查报告[R].杭州:浙江省地质调查院,2008.

[68] 浙江省地质调查院.浙西北地区1:25万多目标区域地球化学调查成果报告[R].浙江省地质调查院,2008.

[69] 汪庆华,唐根年,李睿,等.浙江省特色农产品立地土地地质背景研究[M].北京:地质出版社,2007.

[70] 宋明义,任荣富,周涛发,等.浙江"安吉白茶"产地地质地球化学特征[J].现代地质,2008,22(6):954-959.